小区作物含水率与产量综合测试系统研究

赵丽清　尚书旗　杨然兵
王东伟　殷元元　高连兴　著

机械工业出版社

小区作物收获后的考种是农业科研中的关键环节。试验小区虽然面积小，但处理程序多，及时进行含水率和产量测试，可有效地防止材料混杂和外界环境对数据准确性产生影响。目前，国外已经实现了对晾晒或者烘干后的小区作物进行含水率、容重和重量三参数一次性智能测量，测产装置也可置于小区作物收获机上与 GPS 和机载平板计算机组成机载测产系统。由于缺乏深入的基础理论研究，国内报道的测产系统只能测试含水率和重量两个参数，且含水率精度及其重复性难以满足科研需要。本书基于小区作物含水率测量与籽粒测产装置的研究成果，系统地介绍了小区作物含水率测量与射频介电常数的关系，详细介绍了小区作物测产系统的机械系统、软件系统、电气系统、软件算法以及测产过程中使用的先进技术。

本书旨在为农业工程专业实验室的设计人员、研究人员和控制类研究人员提供参考和帮助，也可供电气、电子类实验室的科研人员和教学人员参考。

图书在版编目（CIP）数据

小区作物含水率与产量综合测试系统研究/赵丽清等著. —北京：机械工业出版社，2022.1

ISBN 978-7-111-69726-8

Ⅰ.①小… Ⅱ.①赵… Ⅲ.①作物－含水率－测试系统－研究②作物－产量－测试系统－研究 Ⅳ.①S5

中国版本图书馆 CIP 数据核字（2021）第 245100 号

机械工业出版社（北京市百万庄大街 22 号　邮政编码 100037）
策划编辑：王　博　　责任编辑：王　博　关晓飞
责任校对：肖　琳　张　薇　封面设计：马精明
责任印制：李　昂
北京捷迅佳彩印刷有限公司印刷
2022 年 2 月第 1 版第 1 次印刷
184mm×260mm·9.5 印张·234 千字
标准书号：ISBN 978-7-111-69726-8
定价：49.80 元

电话服务　　　　　　　　　网络服务
客服电话：010-88361066　　机　工　官　网：www.cmpbook.com
　　　　　010-88379833　　机　工　官　博：weibo.com/cmp1952
　　　　　010-68326294　　金　书　网：www.golden-book.com
封底无防伪标均为盗版　机工教育服务网：www.cmpedu.com

前　言

目前，种子的培育已上升至国家战略。种质资源是种业的"芯片"，是种业原始创新的物质基础。种子是农业生产中最基本的生产资料，对我国农业增产的贡献率达到了30%，但我国由于种子保存、测产等技术不成熟，造成了大量作物种子的浪费。近年来，我国已成为种子净进口国。因此，实现小区育种的智能化测产成为迫切需要解决的问题。良好种子的培育需要进行田间育种试验，育种小区作物种子收获是田间育种试验的最终环节，收获的效率、测量的准确性将直接影响作物种子的质量。本书主要针对小区作物种子收获时的测产系统进行研究，通过研究提出的智能式小区测产系统可实现作物种子的全程自动化测量，且测产系统的测试量多（包括各种小区作物品种的籽粒）、测试参数多（包括种子含水率、容重、重量等）。相信本书提出的系统将对作物测产有很大的指导意义，将很大程度上填补国内作物测产系统技术的空缺。

本书主要阐述小区作物含水率与产量综合测试系统的研究，共11章：第1章主要介绍小区作物含水率的测量方法——射频介电测量法；第2章介绍了小区作物测产系统的功能和方案设计；第3、第4章举出具体实例来验证测产系统可应用于小区常见作物的测量，是前几章理论的实践；第5，第6章讨论了含水率测量系统的软硬件设计思路和水分传感器的适用性；第7～第9章介绍了测产系统的智能算法和先进的数据处理技术；第10、第11章讨论了系统的可应用性和前景展望。本书中提到的小区作物智能测产装置在测量精度和稳定性上能够达到或优于国外同类产品的性能指标，目前已经被泰安市农业科学研究院、郯城县种子公司、山东金惠种业有限公司、青岛农业大学等单位采购，未来有很大的推广空间。本书注重原理，联系应用，不仅能使读者全面了解小区作物含水率测量的基本原理和方法，而且能启发思维，引导读者步入自主创新的道路，对以后的农业生产有很大的借鉴作用。

本书由赵丽清、尚书旗、杨然兵、王东伟、殷元元、高连兴著。其中，尚书旗、王东伟对全书各章进行了内容规划和选择，高连兴参与了校改，并反复多次进行了细致修改，最终由赵丽清统稿和定稿。

由于作者水平有限，书中难免存在不足之处，恳请各位读者批评指正。

编　者

| 目　录

第1章 绪 论

1.1 研究目的及意义

在作物育种、栽培、植保等试验过程中，常需要进行处理对比工作。通常需要先在10～30m²为一个单位的小面积（即"小区"）上反复进行试验，这是鉴定试验材料的客观而重要的方式。一个试验组中全部小区的播种、收获及收获后的考种工作应在最短时间内完成，以避免气候环境等外界条件对实验的影响。小区作物地块如图1-1所示。

图1-1 小区作物地块

小区作物在收获脱粒后，需要对籽粒进行一系列的考种工作，产量对比是其中重要的一个环节。产量对比的内容包括籽粒重量、含水率和容重。这三个参数中，重量和含水率更为重要。含水率测量的精度和重复性是难点和核心，特别是对花生这类大籽粒作物含水率的测量难度极高。

20世纪90年代，美国、欧洲已经广泛使用现场快速测产系统来进行考种，具有代表性的产品有美国的 ALMACO 和 HarvestMaster（HM）、奥地利的 Wintersteiger 等公司。ALMACO 的产品结构简单，具备一次性测量含水率、重量的功能，不能测量容重。HM 和 Wintersteiger 公司的产品结构复杂，能够一次性测量含水率、容重和重量三个参数。国外的测产装置价格非常昂贵，单机售价在30万人民币以上，带差分 GPS（全球定位系统）及产量图终端的售价接近100万人民币。

我国在考种装置方面与国外有很大差距，各环节均缺乏有效的检测手段和仪器装置。在测产这一环节一般采用日本的 PM-8188 水分测定仪、容重仪和电子秤分三个步骤完成，并需要手工记录，故工作烦琐、劳动强度大、效率低。为了缩短我国与发达国家的育种水平差距，迫切需要在育种测产仪器装置领域有所突破。

小区作物智能测产装置中，含水率无损快速测量技术是核心和难点。国际上普遍采用具有性价比优势的射频电容法进行作物含水率的快速检测，为了提高其测量精度，已有多年的研究历程，并且还在不断探索中。国内对作物射频电容含水率测试技术的研究也已有多年，但所开发产品的精度和重复性较低，在主流市场占有率不高。日本的 PM-8188 手持式水分测定仪（简称水分仪）基于该技术设计，占据我国主要的科研、粮食交易市场。

1.2 国内外研究现状

1.2.1 作物小区智能测产系统研究现状

1. 国外作物小区智能测产系统研究现状

国外的很多育种、栽培科研单位都拥有先进的考种装置，在全球很多地方都有自己的实验基地。其工作人员可以不用去现场，只要雇佣当地人去收获种子，再使用专用的装置进行数据采集，测量结果就会传回公司总部，专门的育种人员会对数据进行分析。这样不仅节省了人力，还可以利用全球不同区域的不同气候去测试对比品种和栽培技术。

国外有很多公司都在积极研发作物小区测产装置。美国 ALMACO 公司研发的 LRX-485-DAP 种子测产装置，包含有种子测产处理器、电子秤、湿度传感器、种子测产料桶、PDA（个人数字助理，又称掌上电脑）、收获测产软件、专用打印机等，如图 1-2 所示。这款产品将传统育种中用到的仪器集成在了一起，使测量可以在一台机器上完成，同时大量的数据可以被保存，便于查询和处理。美国 ALMACO 公司的育种智能测产装置（需配置计算机）如图 1-3 所示。美国 HM 公司生产的小区测产装置（Single Plot High Capacity GrainGage，HCGG）是为育种研究工作中测量小区产量而设计的专业化装置，如图 1-4 所示。该装置能在 6s 内完成对小区样品含水率、重量及容重的一次性测量，测量完成后，可

图 1-2　美国 ALMACO 公司研发的 LRX-485-DAP
　　　　种子测产装置

图 1-3　美国 ALMACO 公司的育种
　　　　智能测产装置

随时导出含有所测数据的 Excel 文件。奥地利 Wintersteiger 公司设计生产的小区育种测产装置如图 1-5 所示。该装置不仅配备了条形码扫描仪（俗称扫码枪），可实现免排序功能，加快了收获测产速度，还可以测量容重等信息。

图 1-4 美国 HM 公司生产的小区测产装置

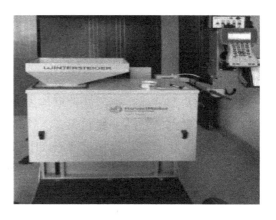

图 1-5 奥地利 Wintersteiger 设计生产的
小区育种测产装置

将小区测产装置置于收获机上与 GPS 及机载平板计算机构成小区机载测产系统。美国 HM 公司生产的测产装置及其为 Wintersteiger 公司贴牌的产品都能在小区育种收获机上工作，如果再配备差分 GPS 和机载平板计算机，收获机在进入待收获小区后，就会根据 GPS 数据判断自己进入了哪个小区地块，从而自动从数据库中获取该地块所种植品种的代码，当收获结束后会自动将数据上传到机载终端，机载终端可以实现数据的记录、存储、打印和产量数据的图形生成。机载测产系统还具备收获机振动和倾斜补偿功能，当倾斜角度不大于 10°时，重量测试精度不发生改变。装载美国 HM 机载测产系统的小区收割机和 Wintersteiger 机载测产系统的机载终端如图 1-6 和图 1-7 所示。

图 1-6 装载美国 HM 机载测产系统的小区收割机

图 1-7 Wintersteiger 机载测产系统的机载终端

2. 国内作物小区智能测产系统研究现状

2010 年，山东农业大学与青岛海威机械有限公司联合开发了 CCYM – SZR 玉米小区测产系统，它只能完成含水率以及总重量的测量。种子公司购买了该产品后，反馈的信息为，含水率、重量的测量精度和稳定性有待提高，因此该产品并未在大范围内得到推广。青岛海威机械有公司 CCYM – SZR 玉米小区测产系统如图 1-8 所示。

2012 年，铁岭东升玉米品种试验中心将两个上海青浦绿洲检测仪器有限公司的 LDS –1H 手持式水分测定仪和一个电子秤通过各自的串口集成后，把测试数据传入计算机，完成了数据的自动采集和保存。铁岭东升集成的 DSCB 谷物小区测产系统如图 1-9 所示。2015 年，在借鉴 ALMACO 测产系统的基础上，铁岭东升推出了一台 DSCA 谷物小

图 1-8　青岛海威机械有公司 CCYM – SZR 玉米小区测产系统

区测产系统（见图 1-10），但它仍只能测量含水率和重量，不能够进行容重测试，且没有自己的独立手持端，用户反映其含水率数据重复性仍有待提高。

图 1-9　铁岭东升集成的 DSCB 谷物小区测产系统

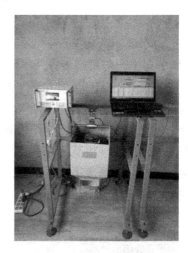

图 1-10　铁岭东升的小区测产系统

2014 年，江苏省大华种业集团有限公司育种研究院研制开发了一款测产系统并在其公司进行了相应的试验。2015 年，沈阳普瑞思科技有限公司（已注销）研发了 GPH 谷物小区收获系统（带脱粒机）（见图 1-11）。这两款产品均未见后续报道。

近年我国虽然对作物测产系统有了一定的研究，但由于容重测量会极大增加测产系统的机电系统设计复杂程度，因此还没有能同时测量重量、含水率、容重等三个参数的测产系统

图 1-11　GPH 谷物小区收获系统（带脱粒机）

问世。并且，目前研发出的几款测产系统其含水率测量精度和重复性不高，在业内未能得到广泛认可。至于带差分 GPS 的智能式机载测产系统的研究国内尚未见相关报道。

1.2.2　作物含水率检测技术介绍

1. 作物含水率直接测量的方法

（1）烘干法　进行作物含水率测量时，烘干法是最常见的一种方法。烘干法是指样本在规定的温度下加热规定的时间，以测量重量损失为基础。这种方法假定重量损失量是样本中存在的水分含量。大部分烘干法都需要数小时甚至数天的时间才能完成。该方法是国家标准，可以为仪器做标定。

（2）红外卤素法　红外卤素法测含水率的原理是基于辐射传热。辐射器发出电磁波并传到需要检测的样品上，当发出的频率和样品本身的频率相匹配时，样品内部的分子会摩擦产生热量，最终使得样品干燥失重。梅特勒卤素水分测定仪（烘干法）如图 1-12 所示。

（3）卡尔 – 费歇尔法　卡尔·费歇尔法简称费歇尔法，是 1935 年卡尔·费歇尔（Karl Fischer）提出的测量含水率的容量分析方法。费歇尔法是测量物质含水率的各类化学方法中，最专一、最准确，为世界通用的行业标准分析方法之一。其虽属经典方法，但经过改进提高了准确度，扩大了测量范围，已被列为许多物质中含水率测量的标准方法（但需要专业实验人员才能操作）。梅特勒卡尔费休水分测定仪如图 1-13 所示。

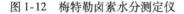

图 1-12　梅特勒卤素水分测定仪

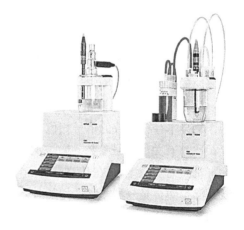

图 1-13　梅特勒卡尔费休水分测定仪

2. 作物含水率间接快速测量的方法

人们已经尝试了许多困难的技术来快速实现作物含水率的测量。所有的间接快速测量方法都是测量某些物理参数（通过电子方式或光学传感方式），然后通过校准方程式或图表计算出作物中的水含量。

（1）近红外光谱法　近红外（NIR）光谱仪检测的是水对近红外辐射的吸收情况。用于进行含水率测量的水的吸收谱带为 1.0μm、1.4μm 和 1.9μm。用于进行作物含水率测量的近红外光谱仪通常会使用一个较低的波长范围。该类设备具备同时定量测量含水率和作物成分的能力，如蛋白质、植物油和淀粉，但是其采购成本相对较高，并且标定流程也很复杂。瑞士波通 DA7200 型近红外作物组分分析仪如图 1-14 所示。

（2）电导率法　测量作物含水率的电导率法以作物中水含量和作物籽粒直流电导率对数之间近似的线性关系为基础。导电型水分测定仪通常使用较小的样本，并且需要将作物压缩、粉碎或研磨，以获得一致的含水率测量结果。导电型水分测定仪对含水率测量而言通常是成本最低的一种选择，因为这种仪器的电路非常简单。在美国，相较于射频介电型作物水分测定仪而言，导电型水分测定仪在农场中很少使用。美国 LIGNOMA 电导率水分测定仪如图 1-15 所示。

图 1-14　瑞士波通 DA7200 型　　　　图 1-15　美国 LIGNOMA 电导率水分测定仪
近红外作物组分分析仪

（3）微波法　水能够强烈吸收微波能量，这就是人们利用微波炉烹饪潮湿食品的大概原理。微波水分测定仪发射出一束穿透作物样本的微波，并测量与信号衰减和/或因作物样本存在导致的信号相位偏移（与空气相比）有关的信号参数。微波法对流动作物（通过管道运输或在传送带上运输）的线上测量而言是一种非常适用的技术。微波法的支持者认为，对样本导电相对免疫是该方法相较于电导率法或射频（RF）介电法

图 1-16　德国 RGI 微波水分在线测定仪

的主要优势。微波法的主要限制因素一直是其基于微波含水率测量系统的相对较高的成本和复杂性。德国 RGI 微波水分在线测定仪如图 1-16 所示。

（4）射频介电法　射频介电法通过测量样本的介电常数来间接测量作物的含水率。介电常数是当材料放置在电场中时，表征材料存储电荷能力的一个度量。由于水分子结构的原因，相较于其他作物成分而言，水的介电常数非常高（大约为 80）。射频介电法具有良好的精度和相对简单的校准方程式，制造成本也相对低廉。由于存在这些优势，基于射频介电法的作物含水率测量设备可用于美国所有官方和几乎所有商业的作物含水率测量中。

1.2.3　作物介电特性的基本理论

干燥作物的介电常数一般为 2.5 ~ 4.5，水的介电常数为 78.5，因此，水与作物中其他

物质（如蛋白质、淀粉等）介电常数的巨大差异使得射频介电法测量作物含水率相对容易。作物的介电特性也应用在农业的其他方面，如鲜食玉米的保鲜冷冻、种子的介电分选和果蔬的品质鉴定等。

作物的介电特性是指外加电场和作物的相互作用，常用复介电常数 $\varepsilon = \varepsilon' - j\varepsilon''$ 来描述，其中 ε' 为介电常数，ε'' 为介质损耗因数，j 为虚数单位。ε' 反映的是作物在外加电场中的储能和极化能力。ε'' 反映的是作物在电场中消耗能量的能力，即在电场作用下作物中的极性分子会相互摩擦碰撞，导致作物发热消耗能量（称为介质损耗）。介电常数 ε'、介质损耗因数 ε'' 与作物的外形无关，只受作物组成成分的影响。

分子是由两个或多个原子组成的，在没有电场时，偶极子分子随机排列，不会发生极化效应。当有外加电场作用时，对偶极子产生扭矩使其发生转向重新排列，旋转到与电场对齐的方向，这就是取向极化或者称为偶极子极化。电场方向的交替变化会引起偶极子的排列方向改变，偶极子在旋转过程中相互碰撞、摩擦会引起介质的损耗。作物中的水是一种会发生强烈偶极子极化的物质。

作物是不均匀的物质，在外加电场的作用下，电荷会在作物中发生位移，积聚在阻碍其位移的表面，并对电场产生影响，使被测作物的介电常数增加。在低频电场时，作物的不导电区域会将导电区域分隔开而使其不连续，从而形成麦克斯韦 - 瓦格纳（Maxwell - Wagner）效应。在低频交流和直流电场中，电荷有足够长的时间在导电区域的边界聚积，介电常数 ε' 增加。在高频交流电场的一个周期内，电荷位移远小于导电区域，因此不会发生集聚，随着频率的增大，麦克斯韦 - 瓦格纳效应的影响逐渐降低，介电常数 ε' 减小。

1.2.4 国内外射频介电作物含水率测量仪器的应用现状

加拿大、美国、欧洲一些国家都有自己的电容水分测定仪，其中美国帝强（DICKEY - John）公司在行业内处于领先地位。帝强 GAC2500 - UGMA 型高精度谷物水分测定仪（见图 1-17）能快速检测作物样品的含水率、温度和容重，可以将结果储存并通过连接打印机打印出来。该水分测定仪采用三块平行极板形式，工作频率为 149MHz，测量完作物含水率之后可以直接下落到底部的抽屉，不需要再手动倒出物料，误差达到 ±0.2%，但其体积大，更适合试验室使用。其另一款 MINI - GAC 是一款便携式高精度水分测定仪。帝强 MINI 便携式高精度水分测定仪如图 1-18 所示。

图 1-17　帝强 GAC2500 - UGMA 型高精度谷物水分测定仪　　图 1-18　帝强 MINI 便携式高精度水分测定仪

日本商业中广泛使用的射频介电式水分测定仪主要有 KETT 研究所生产的 PV – 100 和 PM – 8188 水分测定仪。PM – 8188 水分测定仪采用同心轴圆筒式结构，是一种手持式电容水分测定仪，操作简单，可数字显示含水率测量结果，能检测 14 个品种，含水率测量范围为 1% ~ 40%，标准误差为 ±0.5% 以内。这款水分测定仪由于其较高的性价比，在我国科研单位和贸易领域得到广泛认可。日本 PM – 8188 水分测定仪如图 1-19 所示。

我国自主研发的射频介电式水分测定仪主要有上海青浦绿洲检测仪器有限公司生产的 LDS – 1G 型电脑水分测定仪和 LDS – IH 型谷物水分测定仪，浙江托普云农科技股份有限公司（原浙江托普仪器有限公司）生产的 TDS – 1G 型谷物水分测定仪，北京中西远大科技有限公司生产的 BHC1 – PM818 高频射频介电式谷物水分测定仪。这些水分测定仪中上海青浦绿洲品牌在业内得到的认可度相对较高，但在含水率测量重复性上有待提高。上海青浦绿洲的谷物水分测定仪如图 1-20 所示。

图 1-19　日本 PM – 8188 水分测定仪　　　　　图 1-20　上海青浦绿洲的谷物水分测定仪

1.2.5　国内外射频介电作物含水率测量技术研究现状

1. 国外射频介电作物含水率测量技术研究现状

射频介电式作物含水率测量仪的测量原理是：放入极板的作物水分含量不同，其介电常数也不同，使得电容值发生变化，通过测量电容值的变化，间接测出作物的含水率值。国外在此领域的研究有近 60 年，其中很长一段时间都处于技术停滞状态。随着电子技术的进步，这一技术的研究才得以更加深入，并在这一领域得以应用。

（1）测试频率对介电常数影响的研究　Nelson 等（1982）在外加电场测试频率（1 ~ 50MHz）范围内，对不同作物品种进行了大量试验研究：某一频率下，介电常数随含水率增加而增加；而在某一含水率值下，随着频率增加，介电常数可能增加也可能保持不变。

（2）独立于容重的介电回归方程的研究　A. W. Kraszewski 和 S. Trabelsi（1998）以硬红冬小麦为对象，使用在 11.3GHz 和 16.8GHz 频率下、含水率在 10.6% ~ 18.2% 之间的硬红冬小麦的测量数据，通过测量相对复介电常数，建立了独立于容重的介电常数与含水率的线性或二阶标定方程。

（3）温度对介电常数影响的研究　Nelson 等（2004）通过研究给出了在 20MHz、300MHz 和 2450MHz 频率时，在不同温度下马齿型玉米的含水率与介电常数关系的曲线。

（4）回归模型对介电常数测试影响的研究　Kamil Sacilik 等（2005）以红花种子为对象，使含水率为 5.33% ~ 16.48%，频率为 50kHz ~ 10MHz，容重为 553.6 ~ 638.8kg/m³，测量红花种子的介电常数，使用平行板电容器样品支架研究了含水率、体积密度和频率等参数对介电常数的影响。结果表明，介电常数随着含水率和体积密度的增加而增加，而随着频率的增加而降低。含水率是影响红花种子介电常数的最重要因素，他们因此得到了描述介电常数和含水率之间关系的二次和三次多项式方程，且方程对于预测红花种子的介电常数和损耗因数足够准确。

（5）容重对介电常数影响的研究　M. E. Casada 等（2009）对 FFC（新型边缘场电容）传感器在含水率检测方面的稳定性及准确性进行了测试，在 10 ~ 30℃ 条件下，对三个地区、两个年份的硬红冬小麦的 6 个样本进行了校准试验，在未进行容重修正的情况下，平均预测标准误差是 0.68%，对样本容重进行修正后，平均标准误差改善为 0.50%。

（6）基于射频介电法的在线含水率检测技术在应用方面的研究　Mai Zhiwei 和 Li Chan-gyou 等（2016）应用非接触式平行板浮动电容器的测量原理，研究了一种新型射频介电式作物含水率在线测量装置。试验样品为含水率范围在 14% ~ 21% 的玉米，在温度为 15 ~ 50℃，相对湿度为 80%，干燥温度为 70℃ 的条件下进行试验，采用定位式灌装装置设计消除了由于孔隙率变化和灌装方式不同造成的测量误差。结果表明，烘箱法的结果与在线测量装置的结果的相关系数为 0.992，测量绝对误差在 ±0.4% 范围内。

2. 国内射频介电作物含水率测量技术研究现状

（1）测试频率对介电常数影响的研究　阮欢等（2008）进行了射频介电式稻谷含水率测量电路激励频率的研究，设计了以单片机为核心的二倍压整流电路来测量电容，通过不同激励频率下的含水率测量试验，得出稻谷含水率测量电路的最优激励频率为 100kHz。

（2）温度对介电常数影响的研究　张亚秋等（2011）以玉米为试验对象，在不同温度下连续采集含水率传感器的输出频率值和温度值，利用 LabVIEW 软件并采用人工神经网络方法实现了含水率检测系统的温度补偿。

（3）回归模型对介电常数影响的研究　采集大量数据后进行数据融合时，如何处理拟合并确定不同作物的最佳含水率测量模型，也是影响测量精度的一个方面。薛海燕等（2011）借助 MATLAB 软件中的 RBF（径向基函数）网络实现了花生含水率检测中多传感器数据的融合，测量结果更准确。

（4）容重对介电常数影响的研究　郭文川等（2012—2013）以燕麦、小米为研究对象，研究了相对介电常数和介质损耗因数与含水率、频率、温度、体积密度的关系，得出了电容随温度、含水率、容重的增大而增大，并可用二元三次方程描述小米的电容与含水率、温度的关系。但遗憾的是，其分析结果中认为体积密度对介电常数的影响可以忽略。

科研、贸易迫切需要更高精度、高重复性的水分测定仪。但籽粒大小、品种、区域、年度、农艺、环境等不同带来的电容变异性，都会引起测量误差。实验时只有选择尽可能具有代表性的品种，并且随着年度不断增加数据资源、校准曲线，才能提高测试仪器的精确性和稳定性。也需要投入更多力量来研究数据融合技术，通过对比分析找到影响含水率测量的关系曲线，最终确定含水率检测的最佳数学模型。还需要对水分测定仪进行结构优化设计，使作物在测试结束后可以自动从水分测定仪取样筒落出，方便用户操作，以提高效率。

1.3 射频介电测量原理及其数学模型

1.3.1 介电谱简介

复介电常数（Complex Dielectric Constant）ε 又称复电容率，它包含实部介电常数 ε' 和虚部介质损耗因数 ε''，它们之间的关系为 $\varepsilon = \varepsilon' - j\varepsilon''$。$\varepsilon'$ 表示物质在外加电场条件下储存电能的能力。作物颗粒在电场中通常表现为蛋白质分子、水分子、油脂等物质的取向极化。极化现象是电容器表现出能够储存电能的关键。ε'' 则反映了物质在电场中消耗电能的能力，它通常表现为宏观的电导导电消耗能量或者微观上分子间极化时释放的耗散能量。由于分子在交变电场中极化时表现出的极化弛豫现象，物质的复介电常数通常会随外加交变电场的频率 f 变化而发生改变。介电谱便是将复介电常数的实部 ε' 和虚部 ε'' 与频率 f 绘制在同一张图上所制成的谱线。

由于复介电常数仅与物质的组成结构和含量有关，因此可以据此进行物质的物理、化学属性分析，这在材料学试验的研究中可以有很强的利用价值。获取介电谱的一般方法是通过改变激励电场的频率，测量每个频率下的复介电常数得到频率复介电常数实、虚部的二维数据对，因此在射频下测量介电谱的基本技术是射频介电测量技术。

1.3.2 射频介电测量技术简介

如今常用的射频介电测量技术可以分为多层反射传输线法、开端同轴线法、分裂圆柱法、谐振腔微扰法、自由空间法和平行板电容法。这些技术均拥有自己的优势、劣势和适用条件。前五种方法都需要矢量网络分析仪的支持，且起始频率较高可以实现超宽带工作。本设计需要在 $1\sim180\text{MHz}$ 频率范围内进行测量，因此平行板电容法最适合本设计的工作场景。常用的射频介电测量技术见表 1-1。

表 1-1　常用的射频介电测量技术

方法	适用被测物体	支持仪器	频率范围
多层反射传输线法	宽带测量；精制固体、气体或液体	矢量网络分析仪	$100\text{MHz}\sim1.1\text{THz}$
开端同轴线法	宽带测量；端面平整固体、气体或液体	矢量网络分析仪	$10\text{MHz}\sim50\text{GHz}$
分裂圆柱法	微波；精制固体	矢量网络分析仪	$10\sim15\text{GHz}$
谐振腔微扰法	微波；精制固体	矢量网络分析仪	$10\sim15\text{GHz}$
自由空间法	宽带测量；任何固体、气体或液体	矢量网络分析仪	$100\text{MHz}\sim100\text{GHz}$
平行板电容法	低频（LF）至微波；任何固体、气体或液体	矢量网络分析仪 阻抗分析仪	$\text{LF}\sim1\text{GHz}$

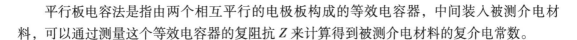

平行板电容法是指由两个相互平行的电极板构成的等效电容器，中间装入被测介电材料，可以通过测量这个等效电容器的复阻抗 Z 来计算得到被测介电材料的复介电常数。

1.3.3　基于平行板电容器的复电容计算模型

根据平行板电容器的定义可知：两个彼此平行且不接触的导体平面可以看作一个平行板电容器。一个理想平行板电容器的电容仅与它的物理结构有关，即

$$C_x = \varepsilon \frac{S}{d} \tag{1-1}$$

式中，C_x 是理想电容器的电容（F）；ε 是电容器电介质的介电常数（F/m）；S 是电极板的面积（m^2）；d 是电极板的间距（m）。

在实际环境中，由于介电材料的响应速度并不等同于真空，在极化过程中会表现出迟滞和相位延迟，根据复介电常数的基本理论可以引出复电容的概念。式（1-2）就是复电容的数学表达式。由式（1-2）可以看出，通过引入复电容的概念，计算不同频率下复介电常数的工作就变得十分简单了，即

$$\hat{C}_x(\omega) = \hat{\varepsilon}(\omega) \frac{S}{d} = \left[\varepsilon'(\omega) - j\varepsilon''(\omega) \right] \frac{S}{d} = \frac{D_0 S}{E_0 d} e^{-j\omega t} \tag{1-2}$$

式中，$\hat{C}_x$ 是电容器的复电容（F）；$\hat{\varepsilon}$ 是物质的复介电常数（F/m）；ε' 是物质的介电常数（F/m）；ε'' 是物质的介质损耗因数（F/m）；S 是电极板的面积（m^2）；d 是电极板的间距（m）；D_0 是电容器的电位移（C/m^2）；E_0 是电容器的电场强度（V/m）；ω 是角频率（rad/s）；t 是时间（s）；j 是虚数单位。

复电容可以通过为电容器加载交变电流，测量其复阻抗而获得。复电容的复阻抗可以通过式（1-3）求得，不过为了简化测量计算过程，通常使用式（1-4）所示的导纳形式，即

$$Z_x(\omega) = -j \frac{1}{\omega \hat{C}_x} \tag{1-3}$$

$$\frac{I_x(\omega)}{V_x(\omega)} = \frac{1}{Z_x(\omega)} = j\omega \hat{C}_x \tag{1-4}$$

式中，$\hat{C}_x$ 是电容器的复电容（F）；Z_x 是电容器的复阻抗（Ω）；I_x 是流过电容器的交流复电流（A）；V_x 是电容器两端的交流复电压（V）；ω 是角频率（rad/s）；j 是虚数单位。

通过式（1-4）可以将复介电常数的测量转换为对等效电容器端口复阻抗的测量，使其可以使用电子电路实现测量。

1.3.4　平行板电容器的校准

通过式（1-4）阐述的模型可以完成初步的测量，但是由于其理论比较初级且经过了大幅度的理想简化，是一种理想的理论模型。为了完成高精度的测量，式（1-4）需要重新引入被忽略的误差参数。利用这些误差参数构建的校准函数，可以校准任何可能因为寄生参数、制造精度等带来的误差。它由传输线等效的串联电感 L、探头杂散等效的并联复电容 C_p 和被测物质等效的复电容 C_x 组成。其中，C_p 和 C_x 这两个复电容还可以看作理想电纳 B_c 和理想电导 G 并联构成的等效电路。平行板电容器介电探头的等效电路如图 1-21 所示。

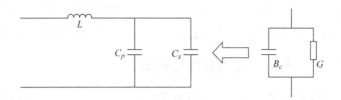

图 1-21　平行板电容器介电探头的等效电路

通过对集总电路进行分析可以对探头进行建模，见式（1-5）。精密介电常数校准通常使用 Short/Air/Water 校准（下称 SAW 校准）。SAW 校准的原理是：分别对探头进行短路、装载空气介质、装载净水介质操作，让阻抗测量设备测量这三种工况下的实际阻抗；利用网络实际阻抗计算出误差模型的等效参数并修正误差，以提高测量准确度。

将探头极板通过短路件短路，可以得到式（1-6），它表示传输线等效的串联电感的电纳。将探头极板分别放置于空气和净水中，可得到式（1-7）和式（1-8）。$\hat{\varepsilon}_{air}$ 和 $\hat{\varepsilon}_{water}$ 在 1GHz 内均可以看作标准的定值常数，在激励电流的角频率一定时，可以发现这两式中仅剩下 $\hat{C}_p$ 和 S/d 是未知变量。利用矩阵运算可以在微处理器上方便地求解这个线性方程组，求解出这两个未知变量的值。执行过校准后，程序便可根据存储的校准参数和探头的端口阻抗，通过式（1-9）计算出探头内待测物质的未知复介电常数，即

$$\frac{1}{Z_{xm}(\omega)} = -j\,\frac{1}{\omega L} + j\omega\big[\hat{C}_p(\omega) + \hat{C}_x(\omega)\big] \tag{1-5}$$

$$\frac{1}{Z_{short}(\omega)} = -j\,\frac{1}{\omega L} \tag{1-6}$$

$$\frac{1}{Z_{air}(\omega)} = \frac{1}{Z_{short}(\omega)} + j\omega\Big[\hat{C}_p(\omega) + \hat{\varepsilon}_{air}\frac{S}{d}\Big] \tag{1-7}$$

$$\frac{1}{Z_{water}(\omega)} = \frac{1}{Z_{short}(\omega)} + j\omega\Big[\hat{C}_p(\omega) + \hat{\varepsilon}_{water}\frac{S}{d}\Big] \tag{1-8}$$

$$\hat{\varepsilon}_x(\omega) = \frac{d}{S}\Big[\frac{1}{\omega^2 L} - \hat{C}_p(\omega) - j\,\frac{1}{\omega}\,\frac{1}{Z_{xm}(\omega)}\Big] \tag{1-9}$$

式中，$\hat{C}_x$ 是探头内被测物质的复电容（F）；$\hat{C}_p$ 是探头等效杂散的复电容（F）；Z_{xm} 是探头的实际复阻抗（Ω）；Z_{short} 是探头安装短路件时的复阻抗（Ω）；Z_{air} 是探头内填充空气时的复阻抗（Ω）；Z_{water} 是探头内填充净水时的复阻抗（Ω）；$\hat{\varepsilon}_x$ 是探头内待测物质的未知复介电常数（F/m）；$\hat{\varepsilon}_{air}$ 是空气的复介电常数（F/m）；$\hat{\varepsilon}_{water}$ 是净水的复介电常数（F/m）；S 是电极板的面积（m²）；d 是电极板的间距（m）；ω 是角频率（rad/s）；j 是虚数单位。

1.4　射频阻抗分析理论

1.4.1　阻抗分析技术简介

在 1～180MHz 的射频频段进行精确的复阻抗测量是十分不易的。在该频段下，电路中

工作信号的基波的 1/4 波长逐渐与电路元器件（包括器件、基板和导线）的物理尺度相接近，高阶谐波的 1/4 波长更是能小于电路元器件的物理尺度。在该情况下，电路寄生参数的影响逐渐加强，相比于低频电路和直流电路，则需要更多的参数来建模和分析该场景下的复杂电路模型。目前，主流的复阻抗分析技术为：以网络分析理论为基础的网络分析法；以阻抗测量技术为主的自动平衡电桥法和射频电流–电压法（RF I–V）。

1. 网络分析法

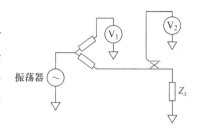

网络分析法是一种通过测量网络复散射参数矩阵来分析任意高频、微波电路网络的测量技术。利用网络分析法制成的仪器称为矢量网络分析仪（Vector Network Analyzer，VNA），它的一个端口的内部结构可以用图 1-22 所示的电路模型表示。

图 1-22 矢量网络分析仪端口的内部结构的电路模型

矢量网络分析仪通常使用功率分配器（Power Splitter）耦合端口入射方向的电磁波能量，用定向耦合器（Directional Coupler）或矢量定向电桥（Vector Directional Bridge）耦合端口反射方向的电磁波能量，并通过矢量比率检波器（Vector Ratio Detector，VRD）测量得到复反射系数 Γ。复反射系数可经式（1-10）计算其端口阻抗：

$$\Gamma = \frac{Z_x - Z_0}{Z_x + Z_0} \tag{1-10}$$

式中，Z_x 是被测端口的阻抗（Ω）；Z_0 是矢量网络分析仪的系统特征阻抗（Ω）；Γ 是被测端口的复反射系数。

但是网络分析法存在一个固有问题限制了其阻抗测量精度。图 1-23 展示了理想纯电阻被测器件（DUT）的阻抗 $Z_x(Z_x = R + \text{j}0)$ 到矢量网络分析仪复反射系数 Γ 间的转换关系。

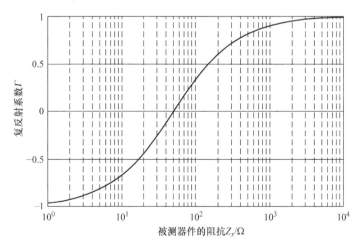

图 1-23 矢量网络分析仪的灵敏度曲线

可以发现，它的灵敏度在全量程范围并不是一个常数，而是在 Z_0（50Ω）附近具有较高的灵敏度。这与矢量网络分析仪检测被测器件阻抗不平衡点的电气特性十分相似。矢量网络分析仪需要在复平面上的特征阻抗点附近具有较高的灵敏度，以识别任何阻抗不匹配的存在。由于被测探头等效电容器的射频阻抗并不处于复平面上的 Z_0 附近,因此其测量精度将严重受限。

2. 自动平衡电桥法

自动平衡电桥法主要应用于激励频率为 LF ~ 120MHz 的测量场景中,应用该技术的产品多为数字电桥,少量为阻抗分析仪。自动平衡电桥法的基本原理示意图如图 1-24 所示。

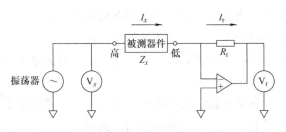

图 1-24　自动平衡电桥法的基本原理示意图

自动平衡电桥法拥有量程范围内最高的测量基本精度,但测量射频频段时自动平衡电桥法却几乎不可用。这是由于自动平衡电桥法在测量的激励频率超过 100MHz 后,其电路固有结构就会存在阻抗不连续性,在测量中会因为其测量电路的源阻抗与被测器件的传输阻抗不匹配而发生大量的信号反射,使测量电路产生大量测量误差。而且,电流放大器(一般是一个精密高速运算放大器)的带宽也会影响自动平衡电桥电路的最高工作频率。

先进的商业仪器(如 Keysight E4990A,美国)能够到达 120MHz 的频率响应范围已是极限。而且这些设备中使用了昂贵的矢量检波器和矢量信号调制器以替代电流放大器,并用数字信号处理技术和数字调制技术等进行矢量信号的分析和生成。这会带来极高的成本,除非对精度要求极高且对成本十分不敏感。该方法在面对 180MHz 的最大带宽要求时十分不经济。

3. 射频电流 – 电压法

射频电流 – 电压法是目前大规模应用于射频阻抗分析仪的技术,E4991A/B(Keysight,美国)、IM7580 系列(HIOKI,日本)等阻抗分析产品均采用了射频电流 – 电压法。该技术的频率响应范围通常为 1MHz ~ 3GHz。射频电流 – 电压法的原理图如图 1-25 所示。

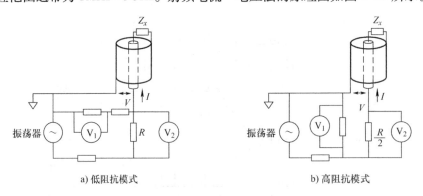

a) 低阻抗模式　　　　　　　b) 高阻抗模式

图 1-25　射频电流 – 电压法的原理图

射频电流 – 电压法利用了阻抗匹配技术将被测器件的端口阻抗匹配至标准射频仪器的接口特征阻抗(通常为 50Ω)。这一改进使高频电流在波导结构中的传输损耗进一步降低,能有效提高测量灵敏度和精度,这也是该技术可以很好地工作在射频频段下的原因。射频电流 – 电压法在测量时有两种组态——低阻抗模式和高阻抗模式,二者的主要区别是电流检测器的内联或外联。

　　本设计选用了射频电流 – 电压法作为阻抗测量的基本原理，通过自主设计的 RF VRD 电路测量 V 和 I 的值计算出复阻抗。图 1-25 中的矢量电压表 V_1 和 V_2 在实际设计中均为 RF VRD。

1.4.2　软件定义无线电思想

　　软件定义无线电（Software Defined Radio，SDR）是一种于 20 世纪 90 年代伴随数字无线电通信技术而逐渐兴起的技术。它的核心思想是创建一个开放通用的、标准化的、模块化的通用硬件无线电收发平台，通过软件定义其频率、调制解调方式、通信协议等，让 ADC（模 – 数转换器）和 DAC（数 – 模转换器）尽可能靠近天线，优先将信号数字化，然后利用 DSP（数字信号处理）技术进行更高层次的处理。SDR 具有很高的可定制性，且平台可完全由软件控制并由软件升级。

　　不同于大部分 SDR 应用于移动通信或无线通信中，在本设计中 SDR 思想被用于设计 RF 信号的产生和采集系统。本设计使用 FPGA（现场可编程门阵列）这种可定制硬件平台作为逻辑和程序控制中心，并让 ADC 和 DAC 靠近阻抗测量电路以便信号在第一时间被模拟化或数字化，且每路采集通道均可独立配置其增益。利用可定制的 FPGA 构成的数字调制解调器和数字接口，可以实现频率、功能、精度和速度的动态调节和自定义，让硬件电路能够具有一定的可编辑性。

1.4.3　射频直接频率合成

　　频率捷变的射频频率合成器可以由 PLL（锁相环）频率合成器或者 DDS（直接数字合成）频率合成器构成。基于 PLL 的频率合成器虽然可以完成捷变频控制，但是无法完成精密的幅度调节。在 PLL 频率合成器输出低频率时还需要数字分频器对信号进行分频，数字分频器会引入高次谐波噪声，污染信号质量。相比而言，DDS 频率合成器具有 PLL 频率合成器无法比拟的优势，它不仅能实现精密的捷变频，还能使用振幅调制（AM）改变信号幅度。

　　如式（1-11）所示，DDS 频率合成器的输出频率控制可以通过更改频率控制字 FW 来实现，相位累加器的位数 n 决定了 DDS 频率合成器的最小频率步进值（或者称为频率分辨率）Δf。

$$f_{\text{OUT}} = \Delta f \cdot FW = \frac{f_{\text{CLK}}}{n^2} FW \tag{1-11}$$

式中，f_{OUT} 是输出信号的频率（Hz）；f_{CLK} 是相位累加器的参考频率（Hz）；Δf 是频率步进值（Hz）；n 是相位累加器的位数（1）；FW 是频率控制字（1）。

　　在 DDS 频率合成器的设计中，SFDR（无杂散动态范围）体现了 DDS 频率合成器输出信号的频谱纯度，它被定义为载波频率与次最大失真成分的方均根（RMS）值之比，单位通常为相对载波频率幅度 dBc。在应用中，如果 DDS 芯片的 DAC 的输出频率被精确设定为参考频率的约数，此时在输出频率的倍数处将会出现大量量化噪声。但是当输出频率稍微偏移时，量化噪声便会分布在整个频谱上，使得 SFDR 有所改善。输出频率与 SFDR 间的关系十分复杂，受多种相互作用影响，失调量影响 SFDR 的表现需要通过实验进行测试。

1.4.4 阻抗校准理论

射频阻抗测量电路的测量结果不像大多低频系统那样不经过校准便能正常运行。因为 RF 前端在测量过程中时刻向外辐射电磁波，共面波导中还存在不连续阻抗造成的回波反射，元器件与设计间也存在生产制造误差，因此若想取得最佳测量准确度就需要进行校准。

阻抗校准是针对阻抗测量过程设计的校准程序。它的目的是校准从校准件连接端面起至接收机间任何信号通路上的误差。利用网络分析理论，校准程序可以看作一个二端口复杂无源网络，它的目的是将阻抗分析仪所接收到的不精确的未知阻抗测量值 Z_{xm} 转换为探头连接到的阻抗测试头的端口阻抗 Z_{Port}。由于网络无源，可以用 I_1、V_1 和 I_2、V_2 分别描述这个二端口阻抗网络的 1、2 号端口特性，它们的值必定符合阻抗传输特性。因此，设这个网络为 $ABCD$ 传输矩阵，如图 1-26 所示，通过计算得到 A、B、C、D 四个参数的数值，便可获得这个阻抗网络的完整传输特性。

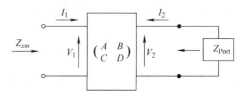

图 1-26　阻抗校准模型

在计算前首先需要明确参数变量与电路特性间的关系：当 $A = D$ 时，该二端口网络表示两端口是可对调的互易网络，传输线和衰减器等常为这种特性；当 $A \neq D$ 时，该二端口网络表示两端口不可对调的非对称网络，残差来源复杂的系统正对应该网络特性。

从图 1-26 所示的传输关系可以得到下式，即

$$\begin{pmatrix} V_1 \\ I_1 \end{pmatrix} = \begin{pmatrix} A & B \\ C & D \end{pmatrix} \begin{pmatrix} V_2 \\ I_2 \end{pmatrix} \tag{1-12}$$

将式（1-12）写成方程形式，即

$$\begin{cases} V_1 = AV_2 + BI_2 \\ I_1 = CV_2 + DI_2 \end{cases} \tag{1-13}$$

将 Z_{xm} 代入式（1-13）可以得到参数表达式，即

$$Z_{xm} = \frac{V_1}{I_1} = \frac{AV_2 + BI_2}{CV_2 + DI_2} \tag{1-14}$$

整理式（1-14）可以得到 Z_{xm} 与 Z_{Port} 的下列关系式，其中还包含了网络参数，即

$$Z_{xm} = \frac{V_1}{I_1} = \frac{A\dfrac{V_2}{I_2} + B}{C\dfrac{V_2}{I_2} + D} = \frac{AZ_{\text{Port}} + B}{CZ_{\text{Port}} + D} \tag{1-15}$$

从式（1-14）可以看出，两组参数间可以产生如下关系：

1）当二端口网络开路时 $I_2 = 0$，由式（1-14）可得到 A/C，即

$$Z_0 = \frac{AV_2}{CV_2} = \frac{A}{C} \tag{1-16}$$

2）当二端口网络短路时 $V_2 = 0$，由式（1-14）可得到 B/D，即

$$Z_{\mathrm{S}} = \frac{BI_2}{DI_2} = \frac{B}{D} \tag{1-17}$$

将式（1-16）与式（1-17）代入式（1-14）中，可以得到 Z_{Port} 的表达式，即

$$Z_{\mathrm{Port}} = \frac{B - DZ_{xm}}{CZ_{xm} - A} = \frac{B - DZ_{xm}}{\left(\dfrac{Z_{xm}}{Z_0} - 1\right)A} = \frac{D(Z_{\mathrm{S}} - Z_{xm})}{\left(\dfrac{Z_{xm}}{Z_0} - 1\right)A} = \frac{D(Z_{\mathrm{S}} - Z_{xm})}{A(Z_{xm} - Z_0)}Z_0 \tag{1-18}$$

在式（1-18）中还剩余未知参数 D/A 无法确定。可以在式（1-15）中引入一个阻抗为 Z_{STD} 的标准阻抗件，为了避免由于标准阻抗件与系统阻抗不匹配而发生反射现象，这个标准阻抗件最好为 50Ω 的标准负载件。式（1-19）中引入了一个实际阻抗为 Z_{STD} 的标准负载件，其校准前的测量阻抗为 $Z_{\mathrm{STD}m}$，即

$$Z_{\mathrm{STD}m} = \frac{AZ_{\mathrm{STD}} + B}{CZ_{\mathrm{STD}} + D} \tag{1-19}$$

将式（1-16）和式（1-17）代入式（1-19）中，整理得到式（1-20）。此时 D、A 两参数的关系得以确定，可以完善整个校准公式，即

$$D = \frac{Z_{\mathrm{STD}}Z_{\mathrm{STD}m} - Z_{\mathrm{STD}}Z_0}{Z_0 Z_{\mathrm{S}} - Z_{\mathrm{STD}m}Z_0}A \tag{1-20}$$

将式（1-20）代入式（1-18）中，整理可得式（1-21）所示的阻抗校准公式。该式为 Short/Open/Load 阻抗校准（下称 SOL 校准）技术的具体数学实现，即

$$Z_{\mathrm{Port}} = \frac{(Z_{\mathrm{S}} - Z_{xm})(Z_{\mathrm{STD}m} - Z_0)}{(Z_{xm} - Z_0)(Z_{\mathrm{S}} - Z_{\mathrm{STD}m})}Z_{\mathrm{STD}} \tag{1-21}$$

式中，Z_{Port} 是探头端口校准后的阻抗（Ω）；Z_{S} 是无校准时短路阻抗的测量值（Ω）；Z_0 是无校准时开路阻抗的测量值（Ω）；$Z_{\mathrm{STD}m}$ 是无校准时标准负载件阻抗的测量值（Ω）；Z_{STD} 是标准负载件的真阻抗（Ω）。

虽然一个理想标准负载件的阻抗为 50Ω，但式（1-21）中的 Z_{STD} 需要使用更高精度的仪器测量得到，这样可以避免连接器效应和制造公差的影响。

1.5 主要研究内容

测产系统以传感器技术、自动化和信息技术为核心，实现对试验小区作物收获、晾晒、脱壳后的籽粒重量、含水率、容重进行一次性智能化测量，完成数据记录、存储、打印、条码识别及 USB（通用串行总线）导出等功能。还可将测产系统搭载到带脱壳装置的小区捡拾摘果收获机上与机载终端及差分 GPS 系统融合，完成对小区地块的智能识别及含水率、重量、容重数据的综合测试，即能够完成边收边测量、记录的功能。整个系统的研究包括以下内容：

1）通过对作物籽粒含水率射频介电测量影响因素的分析，研究作物籽粒含水率数学建模原始数据获取试验方法、试验系统搭建、数据采集、含水率预测模型建立及预测检验，并进行拟合度对比分析。

2）设计基于射频介电测量技术的花生籽粒含水率检测系统的硬件电路和软件程序。

3）创制集含水率、容重、重量一次性测量的三参数小区作物含水率与产量综合测试机电一体化智能装置（包括测产主机的机电一体化设计、手持端的电路设计及软件编程）。

4）研发智能式机载小区作物含水率与产量综合测试系统。通过研究基于差分 GPS 定位和计算机几何学的地块品种代码智能识别数学模型，开发基于 Qt 平台的测产软件，实现含水率、容重、总重量的机载智能测量、存储及数据的查询和 3D 显示。

5）采用 DH5909 动态信号分析仪对怠速静止和田间行走的作物收获机的发动机和称重平台进行了六种不同工况下测产系统的机载振动实验研究及其滤波器设计。

6）对小区作物智能测产设备和小区作物智能测产系统进行性能实验，并与国外的 Winterstejger 经典款测产系统和 PM−8188 水分测定仪进行性能对比。

1.6 技术路线

测产系统的技术路线如图 1-27 所示。

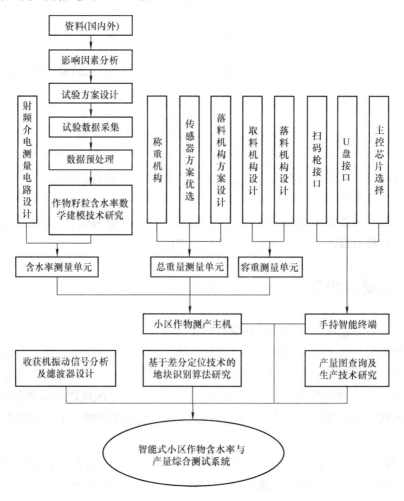

图 1-27　测产系统的技术路线

1.7　拟解决的关键问题

1）射频介电测量法的作物含水率、电容、温度、容重之间数学模型的建立。

2）基于射频介电测量技术的作物含水率测试硬件电路的设计。

3）创制测产主机的机械结构及机电一体化控制系统的设计。

4）试验小区地块识别算法及产量图生成技术。

5）作物收获机振动信号的测试分析及滤波器的设计。

1.8　本章小结

本章主要介绍了实验小区智能产量测试技术的研究目的和意义，详细介绍了目前国内外小区育种智能测产系统、作物含水率检测仪器的应用现状和射频介电测量技术的国内外研究现状，并介绍了主要研究内容、技术路线和拟解决的关键问题。

第2章 小区作物含水率与产量测试系统的功能及方案设计

2.1 作物小区简介

在作物育种、植保、病虫害防治及栽培技术研究工作中，先在以 10 ~ 30m² 为一个单位的小面积（即小区）上进行反复试验。进行作物选育、栽培等对比的小区称为作物小区。所有作物小区的播种、收获以及考种环节中关键参数的测量最好在同一天内完成。图 2-1 为作物小区种植示意图。

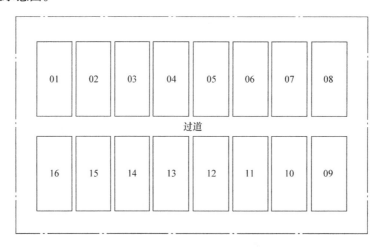

图 2-1　作物小区种植示意图

2.2 小区作物测产收获与考种要求

小区作物考种环境对智能测产系统的要求如下：在作物收获脱粒后，能够实现籽粒投入料斗后自动进行取料测量，并且籽粒的含水率、重量、容重应一次性测出；具有智能落料、出料功能，数据能够自动存储、通过 USB 导出；能够记录所培育品种的籽粒产量、含水率、容重等各项参数；最好具有地块品种条码识别功能和 U 盘导出功能；对于机载测产系统，还应能够补偿振动对称重参数的影响，并具有基于差分定位技术的地块识别、数据通信、数据查询、显示及产量图自动生成等功能。

在考种环节中，只有准确地测量出作物籽粒的含水率，将所有小区的含水率折算统一后，比较各小区的产量才有意义。因此，含水率的测量精度对考种环节非常重要。含水率测量的精度要求小于 0.5% 且重复性好，测试速度应尽可能提高，以使收获后的考种尽量在比较接近的环境条件下完成。目前，国外可以在 10s 内完成一个品种的测量。

考种环节中，重量测试精度要求小于 0.4%。目前，我国育种各作物专用收获机尚不成熟，大部分育种专家均采用收获、晾晒、脱粒后再考种，因此机载测产系统的需求相对并不迫切。对于机载称重系统，可以在小区收获结束后再进行称重，但需要考虑怠速振动对测试系统的影响。

考种环节中，容重测试精度要求小于 12g/L。相对于含水率和重量，容重的准确性要求并不十分迫切，只需要具有比较意义即可。对于特别感兴趣的品种，育种专家会用专门的容重仪测量。

而对于机载智能测产系统，需要能够根据 GPS 的经纬度信息自动识别收割地块位置，从而获得品种代码，并且在一个小区收获结束后将收获后的籽粒含水率、重量、容重信息上传到机载终端。

2.3　智能式小区作物含水率与产量综合测试系统的性能指标分析

小区作物智能测产系统在我国还处于研发阶段，并没有行业标准。表 2-1 列出了奥地利 Wintersteiger 经典款测产系统的性能指标，其重复性虽然没有明确标识，但被业内认可。日本 PM – 8188 水分测定仪的精度和重复性在业界得到广泛认可。

表 2-1　测产系统的性能指标

序号	性能指标	奥地利 Wintersteiger 经典款测产系统	日本 PM – 8188 水分测定仪
1	含水率精度	±0.5%	（±0.5%）
2	含水率重复性	—（但被业内认可）	—（但被业内认可）
3	重量精度	0.4%	—
4	容重精度	12g/L	—

2.4　智能式小区作物含水率与产量综合测试系统的组成及工作模式

2.4.1　智能式小区作物含水率与产量综合测试系统的组成

智能式小区作物含水率与产量综合测试系统由小区作物智能测产主机、智能手持端、松下 FZ – G1 平板计算机和加拿大诺瓦泰（NovAtel）差分 GPS 等四个部分组成，如图 2-2 所示。其中，小区作物智能测产主机和智能手持端两者组成小区作物智能测产装置，它们之间通过 RS485 或者无线通信双模方式完成数据的传输。小区作物智能测产主机、松下 FZ – G1 平板计算机以及差分 GPS 组成智能式小区作物含水率与产量综合测试系统。松下 FZ – G1 平板计算机是工业 IP65 防护等级，因在户外工作性能稳定，也是国外品牌机载测产系统的选配计算机。其通信接口为 USB 接口，一般通过 USB 接口与差分 GPS 相连接，通过 USB/RS485 转接口与智能手持端相连接。

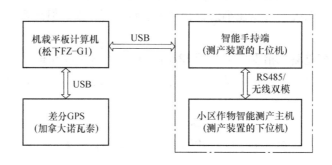

图 2-2　智能式小区作物含水率与产量综合测试系统的组成

2.4.2　智能式小区作物含水率与产量综合测试系统的工作模式

测产系统可在离线测产模式和机载测产模式两种工作模式下工作。

离线测产模式只需要测产主机和智能手持端即可。其测试过程是将收获、晾晒、脱粒后的籽粒一次性倒入测产装置，操作智能手持端的测产按键，籽粒的含水率、产量、容重将一次性被测量出来并在智能手持端显示。所有的含水率、容重、总重量装置的取料、测量、卸料全部自动完成，不需要人工干预。测试数据可以按照测试时间保存到智能手持端，也可以保存到 U 盘。测产装置还提供了手动输入小区品种代码或者扫码枪自动扫录品种代码的功能。

机载测产模式是将测产主机置于带有脱壳装置的捡拾摘果两段式作物收获机上，收获机进入种植小区后，机载平板计算机通过实时读取差分 GPS 的数据，结合预存在平板计算机中的小区位置坐标和地块品种数据，通过计算机几何算法实时检测 GPS 位置，获得当前收获小区地块品种代码。收获、脱粒结束后，收获机一次性将籽粒倒入测产主机，当前收获小区作物籽粒的含水率、重量、容重信息将被测量并通过智能手持端上传至机载平板计算机，并在计算机上保存和显示，同时还可以实现数据查询和 3D 产量图生成。

2.5　智能式小区作物含水率与产量综合测试系统的技术方案

智能式小区作物含水率与产量综合测试系统的技术方案如图 2-3 所示。

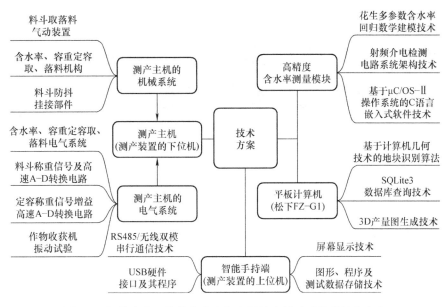

图 2-3　智能式小区作物含水率与产量综合测试系统的技术方案

2.6　本章小结

本章先介绍了作物小区、考种需求以及育种领域的一款经典测产系统的性能和经典水分测定仪的性能指标及认可度，然后介绍了智能式小区作物含水率与产量综合测试系统的组成及技术方案。

第3章 花生含水率测试影响因素的关系研究及数学模型建立

3.1 试验材料及样品的制备

3.1.1 试验材料

试验选取了吉林扶余的东北王，河南郑州的四粒红，山东济南的鲁花大、中、小粒共3个产地的5种不同品种的花生制备所需的标定样品。将各品种使用烘干法测定其初始含水率，然后平均分为5组，根据公式计算5%、10%、15%、20%、25%共5个含水率梯度所需的水的重量。东北王和四粒红品种的花生比较圆润，颗粒在这五个品种属于中等；鲁花品种的3组样品形状不同，由此就可以改变样品的容重。花生样品均放置在4℃的环境下保存待用。

3.1.2 花生样品的制备

试验中通过喷洒蒸馏水来提高花生样品的含水率，喷水期间要注意搅拌均匀。取出一粒花生用刀从中间剖开，可以观察到剖面处浸湿了即可。将喷洒了蒸馏水的花生样品放入防静电保鲜密封袋中，并在袋子内部将其搅拌均匀，且每隔一段时间还要翻动花生，以保证每个颗粒都沾到水分。因为电容式传感器测定水分时会同时包含样品的游离水和结合水，如果样品内部水分分布不均匀，将会给测量结果带来较大的影响。所以，喷水的每组样品都要在一定的环境下放置24h，以保证花生的水分均匀。图3-1a所示为配制的鲁花小粒花生样品，图3-1b所示为配制的东北王花生样品，图3-1c所示为配制的鲁花中粒花生样品，图3-1d所示为配制的四粒红花生样品，图3-1e所示为配制的鲁花大粒花生样品，图3-1f所示为配制的一组花生样品。

3.1.3 烘干法标定样品的含水率

根据国家标准有关粮食、油料检验水分测定方法中花生仁含水率的测定要求，用烘干法来检测花生的含水率。将干燥箱的温度设置为105℃，每次检测时取适量样品，烘干前用电子天平称量样品重量，然后将样品放入干燥箱内进行烘干，直至花生仁重量恒定，并记录烘干后的样品重量。根据样品烘干前后的重量改变，经过计算得到湿基标准下各个样品的含水

a) 鲁花小粒花生样品

b) 东北王花生样品

c) 鲁花中粒花生样品

d) 四粒红花生样品

e) 鲁花大粒花生样品

f) 一组花生样品

图 3-1　配制的花生样品

率。经过检测，最终得到各样品的含水率，见表 3-1。

表 3-1　不同品种花生的含水率

项目	东北王	四粒红	鲁花大粒	鲁花中粒	鲁花小粒
含水率（%）	7.10	8.07	6.96	6.37	8.23
	11.93	11.16	12.25	11.20	10.65
	16.14	17.75	14.75	15.97	16.21
	21.27	21.18	16.30	21.22	22.09
	28.88	26.45	22.71	24.94	25.17

3.2 试验数据智能采集平台的设计

为了快速、准确地测量水分传感器实际工作时电容－频率（C－F）转换器的输出频率、样品温度、样品容重和样品实际含水率，设计了基于 Keysight BenchVue 软件和 Keysight 产品的标定参数测量仪器系统。该标定参数测量仪器系统由艾德克斯 IT6952A 可编程直流稳压电源、Keysight 34410A 数字多用表（内置 Pt100 温度传感器）、Keysight 53131A 通用频率计数器、

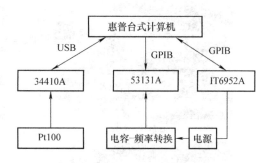

图 3-2　标定参数测量仪器系统的互联示意图

惠普台式计算机组成。34410A 通过其 USB 接口与计算机连接，53131A 和 IT6592A 用 Keysight 82357B USB/GPIB 转换器与计算机建立 GPIB（通用接口总线）连接。其互联示意图如图 3-2 所示。

在计算机上安装 Keysight IO Libraries Suite（仪器接口程序库）和 Keysight BenchVue（仪器控制软件），通过 BenchVue 内置的 Test Flow 测试流编程，使用 SCPI（可编程仪器标准命令）控制测量仪器。通过 SCPI 将 34410A 数字多用表调至 RTD－4W 温度测量模式（分辨力为 0.006℃），将 53131A 通用频率计数器调至通道 1 频率测量模式（分辨力为 0.1Hz）。BenchVue 会自动执行测试流的程序，控制仪器测量数据并保存到数据库中，其控制流程如图 3-3 所示。搭建完成的测量系统如图 3-4 所示。

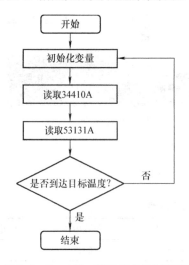

图 3-3　BenchVue 测试流的控制流程

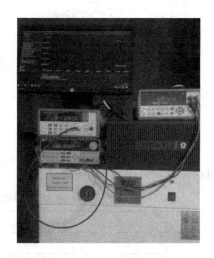

图 3-4　搭建完成的测量系统

测量完成后系统会自动将数据保存到数据集内存储并提供简单的图示窗口，如图 3-5 所示。为了更加深入地研究取得的数据，试验结束后将数据通过 BenchVue 软件提供的数据导出功能输出为 CSV 格式的数据表，以便导入 Excel 工作表或 MATLAB 软件进行更高层次的

数据可视化分析或处理。

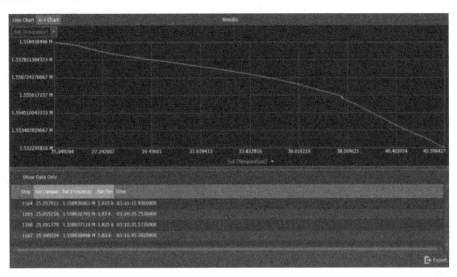

图 3-5　BenchVue 的数据集图示窗口

3.3　试验数据采集方案

　　利用前面配制的花生样品标定传感器，以使其能用于花生测量，但需要获取电极容器装载花生后的对应温度下的电容 – 频率转换器的输出频率、花生的容重和花生的实际含水率。

　　要进行电容 – 频率转换器温度曲线的测量，首先应对花生样品进行低温预处理。将配制的不同含水率的花生样品装入 –20℃ 冰箱中静置 6h 以上，使花生籽粒充分降温以获得低于室温的花生样品。取出花生后使用 240mL 定容容器快速量取花生样品并转移至电极容器内，用保鲜膜和胶带密封电极容器，置于恒温 25℃ 的加热器环境中，启动 Bench-Vue 低温测试流，开始进行低温段的测量，如图 3-6 所示。

　　由于实际测量的花生体积较小，花生的比热容较低，且受限于实际操作中暴露在室温下的时间，多数花生样品在测量时的温度并没有降低到 0℃ 以下，加快操作速度后在

图 3-6　在恒温加热器中的电极容器

25 次正式测量中也很难降低到 0℃ 以下。考虑到花生收获时间多在 7—9 月，收获时的气温和地温并不会出现低于 0℃ 的情况，因此我们将温度的标定范围设置在 0℃ 以上，不再追求更低的试验温度。

当测量系统检测到电极容器内物料的温度回升到25℃以上时，测试流将自动停止并将低温段数据保存在计算机的硬盘中。此时从电极容器中取出花生样品，置于密封袋中后放入55℃的恒温加热器中加热，保温5h。保温完成后快速将花生样品重新装入电极容器中密封，放置在室温中冷却。启动BenchVue高温测试流，测量系统将自动开始高温段的测量。当测量系统检测到电极容器内物料的温度降低到25℃以下时，测试流自动停止并把高温段数据保存在计算机的硬盘中。至此，就完成了一个完整的温度曲线测量。

完成温度曲线的测量后，物料温度已经到达室温，可以进行实际含水率和容重的测量了。在花生样品中随机选取20g物料作为含水率测量的样品，粉碎样品后放置在美国奥豪斯MB58卤素烘干水分测定仪中，依照国家标准规定设定为105℃烘干样品。在烘干过程结束后，水分测定仪自动停止并显示含水率值，将测得的含水率值作为实际含水率保存到数据集内。

将花生样品的剩余部分进行容重数据的测量。将花生样品装入GHCS-1000电子容重器内测量其容重数据。对于每一个花生样品，我们对其进行10次测量，对测量结果求平均值作为花生样品的容重数据保存到数据集内，如图3-7所示。

图3-7　对花生样品进行容重测量

重复上述操作，完成5个品种的5阶水分梯度花生样品的测量工作，获得的数据集被整理成为CSV格式保存，以便于展开后续的数据分析工作。

3.4　花生含水率测试影响因素分析

根据设计原理，通过测量电极容器的极间电容便可推算出电极容器内作物的含水率。但是由于作物自身温度与作物形状等因素的影响，极间电容与含水率的关系变得更复杂。根据前人得到的结论，目前已知作物的温度和容重对含水率测量造成的影响最大，在设计水分传感器时应考虑针对这些参数生成校正曲线。因此，在标定测量中需要测量电容-频率转换器的输出频率、作物的温度、作物的容重、作物的实际含水率4个参数。

采用MATLAB 2016a软件对试验数据进行处理分析。本设计中，首先进行一元线性回归分析，分别得到含水率与电容、含水率与容重等的相关关系，然后将各个影响因素采用融合算法进行多元回归分析（多元回归分析基于最小二乘法的基本原理），最终拟合得到检测花生含水率的最佳数学模型。

3.4.1　花生含水率与电容的相关性研究

试验过程中，在-4～45℃的温度范围内分别对5个品种的花生样品进行试验，每个品种分别有 5 组含水率不同的试验样品，测量得到花生的含水率和电容值后，通过线性回归分析得到不同品种花生的含水率和电容之间的关系。在 22℃ 条件下测量得到的含水率与电容的试验数据见表 3-2。使用得到的试验数据，把 5 个品种的花生进行分析，可得到不同品种花生含水率与电容的关系。

表 3-2　含水率与电容的试验数据

品种	含水率（%）	电容/pF
东北王	7.10	72.82398103
	11.93	85.71881634
	16.14	104.8912659
	21.27	130.7886425
	28.88	166.5858493
鲁花大粒	6.96	67.77710507
	12.25	75.94292806
	14.75	93.69649416
	16.30	103.6629324
	22.71	124.8788705
鲁花小粒	8.23	71.68566739
	10.65	81.75926112
	16.21	101.3323212
	22.09	114.8603205
	25.17	133.0101254
鲁花中粒	6.37	70.414027
	11.20	82.32662745
	15.97	100.0986253
	21.22	118.2829968
	24.94	152.0812185
四粒红	8.07	78.13328524
	11.16	88.580845
	17.75	114.1960091
	21.18	132.1759824
	26.45	162.4427101

　　四粒红含水率与电容的关系如图 3-8 所示。东北王含水率与电容的关系如图 3-9 所示。鲁花大粒含水率与电容的关系如图 3-10 所示。鲁花中粒含水率与电容的关系如图 3-11 所示。鲁花小粒含水率与电容的关系如图 3-12 所示。

　　通过对得到的 25 组试验数据进行分析，得到了不同品种花生样品的含水率和电容之间的线性关系，如图 3-13 所示。

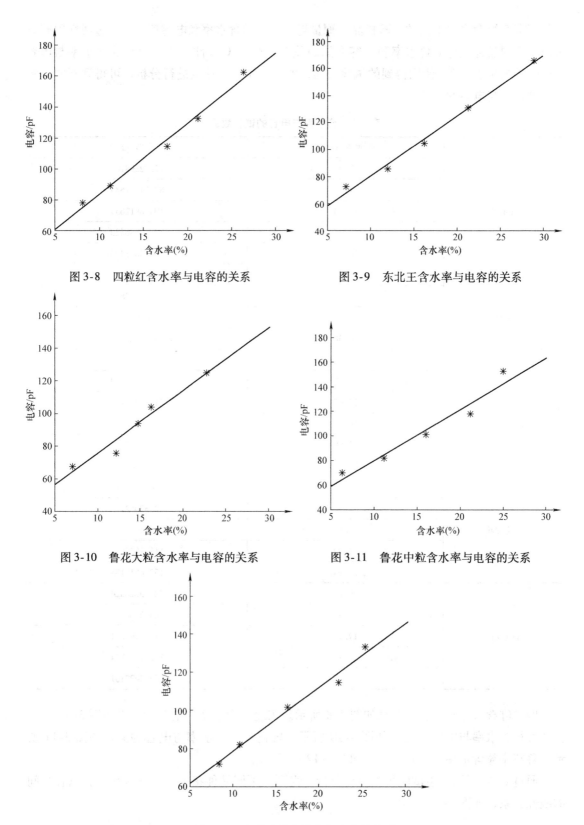

图 3-8　四粒红含水率与电容的关系　　　　图 3-9　东北王含水率与电容的关系

图 3-10　鲁花大粒含水率与电容的关系　　图 3-11　鲁花中粒含水率与电容的关系

图 3-12　鲁花小粒含水率与电容的关系

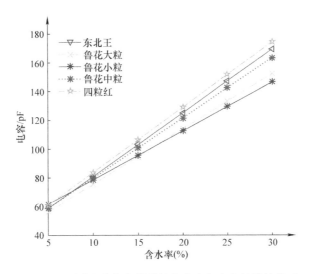

图 3-13　不同品种花生样品的含水率与电容的线性关系

通过对这 5 条直线的分析可以看出，含水率越高测量得到的电容数值越大，并且含水率与电容的值之间基本上呈线性规律变化，5 个品种花生的含水率与电容的关系趋势最终接近趋向于一条直线。由此可知，花生的含水率和检测电容之间是呈线性关系的。

3.4.2　温度对含水率－电容关系的影响分析

由于测试物料从冷藏箱直接取出，与环境温度有较大的温差，故升温速度比较快，温度变化较大，导致了在低温段所采集温度的数据点不太密集。在高温段，由于设定温度较高，对测量电路有一定的影响（产生温度漂移），再加上降温速度较快，因此导致所采集的数据点存在一定误差。之后将试验采集的数据导入到 Excel 表格中，有低温段和高温段两个数据表格。将这些数据放在一个表格中，利用 Excel 的添加趋势线等工具来获得不同含水率的花生样品温度和电容的趋势线。每个品种得到 5 组试验数据，5 个品种的花生样品最终得到 25 组试验数据。对这些数据的趋势线进行分析，将低温段和高温段的异常数据剔除，最终选取数据的温度范围为 0 ~ 40℃，然后对选取的试验数据进行分析。

1. 四粒红的电容－温度－含水率数据采集曲线

四粒红品种含水率为 8.07% 的花生样品的数据采集曲线如图 3-14a 所示，前期处理后得到的曲线如图 3-14b 所示。图中横坐标 T 是温度，纵坐标 C 是电容。

四粒红品种含水率为 11.16% 的花生样品的数据采集曲线如图 3-15a 所示，前期处理后得到的曲线如图 3-15b 所示。

四粒红品种含水率为 17.75% 的花生样品的数据采集曲线如图 3-16a 所示，前期处理后得到的曲线如图 3-16b 所示。

四粒红品种含水率为 21.18% 的花生样品的数据采集曲线如图 3-17a 所示，前期处理后得到的曲线如图 3-17b 所示。

小区作物含水率与产量综合测试系统研究

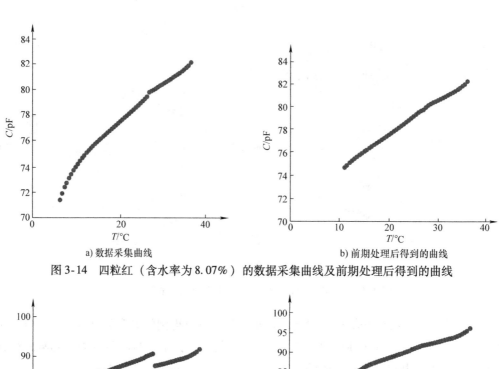

a) 数据采集曲线　　　　　b) 前期处理后得到的曲线

图 3-14　四粒红（含水率为 8.07%）的数据采集曲线及前期处理后得到的曲线

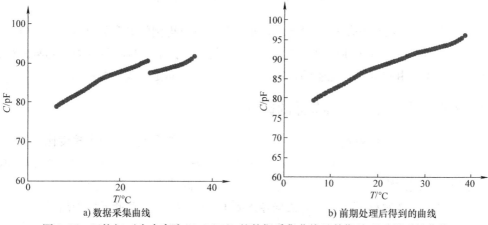

a) 数据采集曲线　　　　　b) 前期处理后得到的曲线

图 3-15　四粒红（含水率为 11.16%）的数据采集曲线及前期处理后得到的曲线

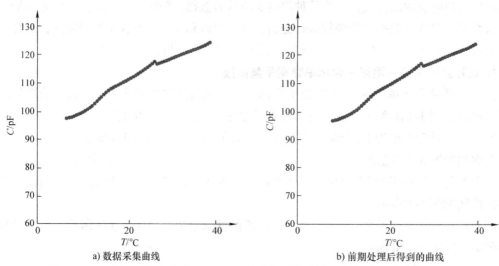

a) 数据采集曲线　　　　　b) 前期处理后得到的曲线

图 3-16　四粒红（含水率为 17.75%）的数据采集曲线及前期处理后得到的曲线

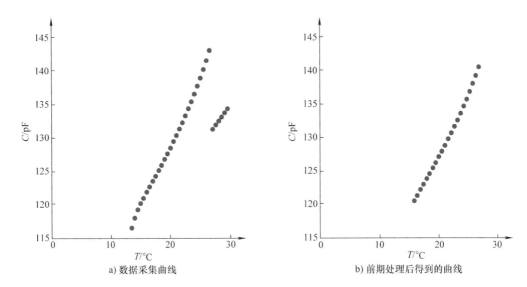

图 3-17　四粒红（含水率为 21.18%）的数据采集曲线及前期处理后得到的曲线

四粒红品种含水率为 26.45% 的花生样品的数据采集曲线如图 3-18a 所示，前期处理后得到的曲线如图 3-18b 所示。

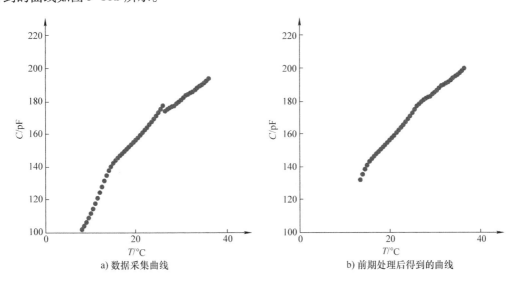

图 3-18　四粒红（含水率为 26.45%）的数据采集曲线及前期处理后得到的曲线

2. 东北王的电容－温度－含水率数据采集曲线

东北王品种含水率为 7.10% 的花生样品的数据采集曲线如图 3-19a 所示，前期处理后得到的曲线如图 3-19b 所示。

东北王品种含水率为 11.93% 的花生样品的数据采集曲线如图 3-20a 所示，前期处理后得到的曲线如图 3-20b 所示。

东北王品种含水率为 16.14% 的花生样品的数据采集曲线如图 3-21a 所示，前期处理后得到的曲线如图 3-21b 所示。

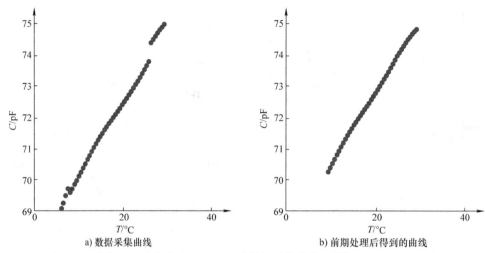

a) 数据采集曲线   b) 前期处理后得到的曲线

图 3-19   东北王（含水率为 7.10%）的数据采集曲线及前期处理后得到的曲线

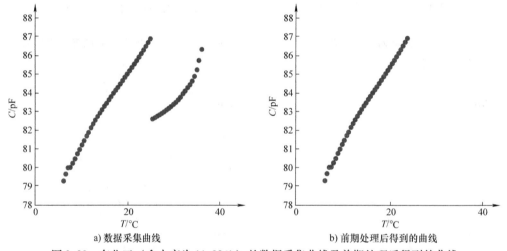

a) 数据采集曲线   b) 前期处理后得到的曲线

图 3-20   东北王（含水率为 11.93%）的数据采集曲线及前期处理后得到的曲线

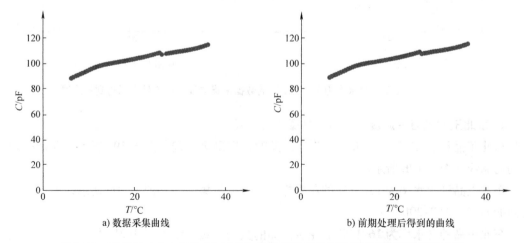

a) 数据采集曲线   b) 前期处理后得到的曲线

图 3-21   东北王（含水率为 16.14%）的数据采集曲线及前期处理后得到的曲线

东北王品种含水率为 21.27% 的花生样品的数据采集曲线如图 3-22a 所示，前期处理后得到的曲线如图 3-22b 所示。

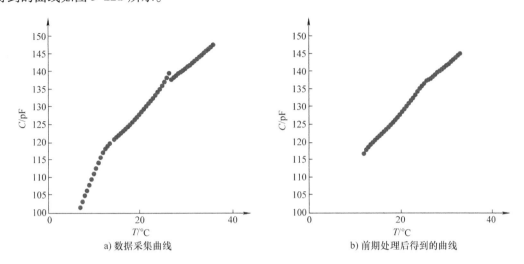

a) 数据采集曲线　　　　　　　　b) 前期处理后得到的曲线

图 3-22　东北王（含水率为 21.27%）的数据采集曲线及前期处理后得到的曲线

东北王品种含水率为 28.88% 的花生样品的数据采集曲线如图 3-23a 所示，前期处理后得到的曲线如图 3-23b 所示。

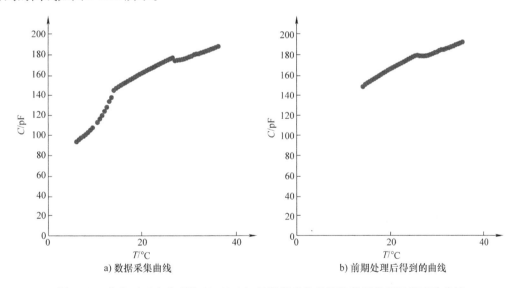

a) 数据采集曲线　　　　　　　　b) 前期处理后得到的曲线

图 3-23　东北王（含水率为 28.88%）的数据采集曲线及前期处理后得到的曲线

3. 鲁花大粒的电容 - 温度 - 含水率数据采集曲线

鲁花大粒品种含水率为 6.96% 的花生样品的数据采集曲线如图 3-24a 所示，前期处理后得到的曲线如图 3-24b 所示。

鲁花大粒品种含水率为 12.25% 的花生样品的数据采集曲线如图 3-25a 所示，前期处理后得到的曲线如图 3-25b 所示。

鲁花大粒品种含水率为 14.75% 的花生样品的数据采集曲线如图 3-26a 所示，前期处理

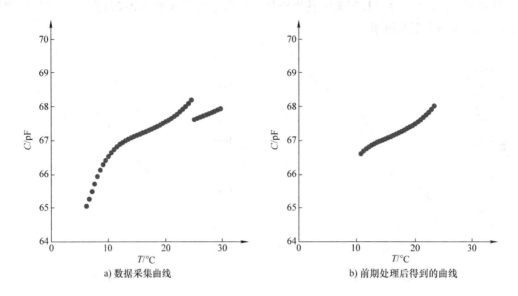

a) 数据采集曲线　　　　　　　　　　　　b) 前期处理后得到的曲线

图 3-24　鲁花大粒（含水率为 6.96%）的数据采集曲线及前期处理后得到的曲线

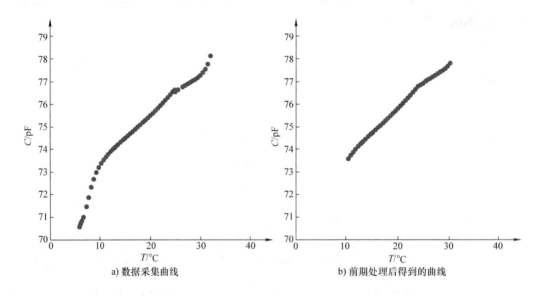

a) 数据采集曲线　　　　　　　　　　　　b) 前期处理后得到的曲线

图 3-25　鲁花大粒（含水率为 12.25%）的数据采集曲线及前期处理后得到的曲线

后得到的曲线如图 3-26b 所示。

鲁花大粒品种含水率为 16.30% 的花生样品的数据采集曲线如图 3-27a 所示，前期处理后得到的曲线如图 3-27b 所示。

鲁花大粒品种含水率为 22.71% 的花生样品的数据采集曲线如图 3-28a 所示，前期处理后得到的曲线如图 3-28b 所示。

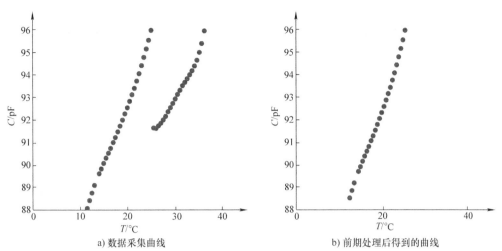

a) 数据采集曲线　　　　　　　　　　b) 前期处理后得到的曲线

图 3-26　鲁花大粒（含水率为 14.75%）的数据采集曲线及前期处理后得到的曲线

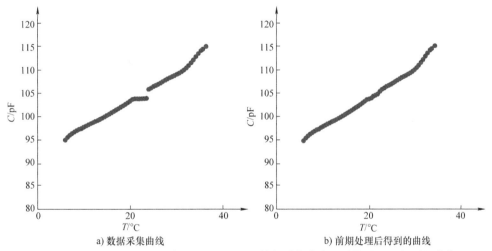

a) 数据采集曲线　　　　　　　　　　b) 前期处理后得到的曲线

图 3-27　鲁花大粒（含水率为 16.30%）的数据采集曲线及前期处理后得到的曲线

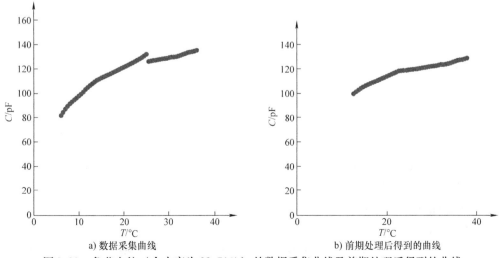

a) 数据采集曲线　　　　　　　　　　b) 前期处理后得到的曲线

图 3-28　鲁花大粒（含水率为 22.71%）的数据采集曲线及前期处理后得到的曲线

4. 鲁花中粒的电容 – 温度 – 含水率数据采集曲线

鲁花中粒品种含水率为 6.37% 的花生样品的数据采集曲线如图 3-29a 所示，前期处理后得到的曲线如图 3-29b 所示。

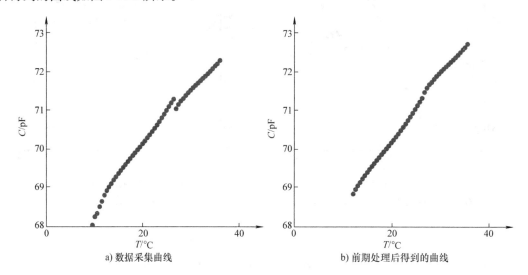

a) 数据采集曲线   b) 前期处理后得到的曲线

图 3-29　鲁花中粒（含水率为 6.37%）的数据采集曲线及前期处理后得到的曲线

鲁花中粒品种含水率为 11.20% 的花生样品的数据采集曲线如图 3-30a 所示，前期处理后得到的曲线如图 3-30b 所示。

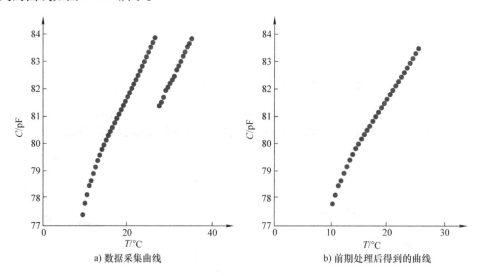

a) 数据采集曲线   b) 前期处理后得到的曲线

图 3-30　鲁花中粒（含水率为 11.20%）的数据采集曲线及前期处理后得到的曲线

鲁花中粒品种含水率为 15.97% 的花生样品的数据采集曲线如图 3-31a 所示，前期处理后得到的曲线如图 3-31b 所示。

鲁花中粒品种含水率为 21.22% 的花生样品的数据采集曲线如图 3-32a 所示，前期处理后得到的曲线如图 3-32b 所示。

鲁花中粒品种含水率为 24.94% 的花生样品的数据采集曲线如图 3-33a 所示，前期处理

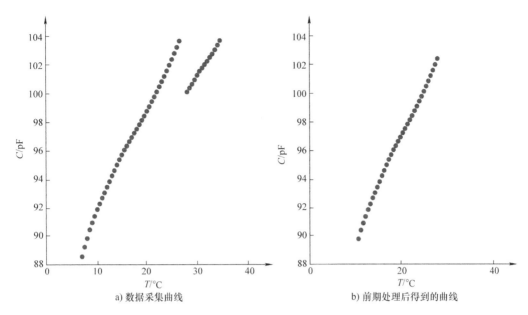

图 3-31　鲁花中粒（含水率为 15.97%）的数据采集曲线及前期处理后得到的曲线

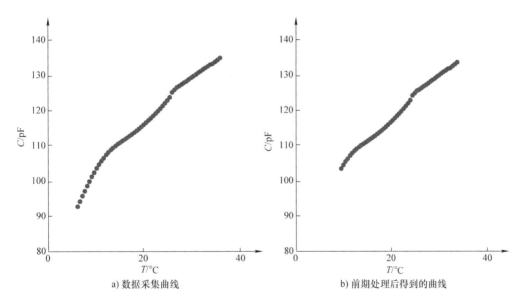

图 3-32　鲁花中粒（含水率为 21.22%）的数据采集曲线及前期处理后得到的曲线

后得到的曲线如图 3-33b 所示。

5. 鲁花小粒的电容 - 温度 - 含水率数据采集曲线

鲁花小粒品种含水率为 8.23% 的花生样品的数据采集曲线如图 3-34a 所示，前期处理后得到的曲线如图 3-34b 所示。

鲁花小粒品种含水率为 10.65% 的花生样品的数据采集曲线如图 3-35a 所示，前期处理后得到的曲线如图 3-35b 所示。

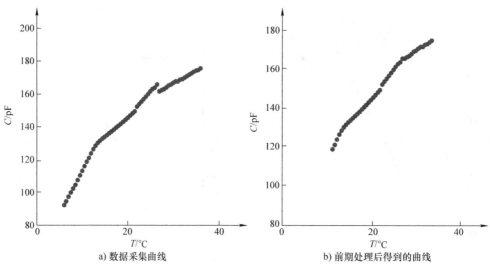

a) 数据采集曲线　　　　　　　　　b) 前期处理后得到的曲线

图 3-33　鲁花中粒（含水率为 24.94%）的数据采集曲线及前期处理后得到的曲线

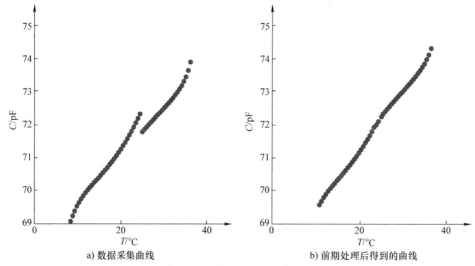

a) 数据采集曲线　　　　　　　　　b) 前期处理后得到的曲线

图 3-34　鲁花小粒（含水率为 8.23%）的数据采集曲线及前期处理后得到的曲线

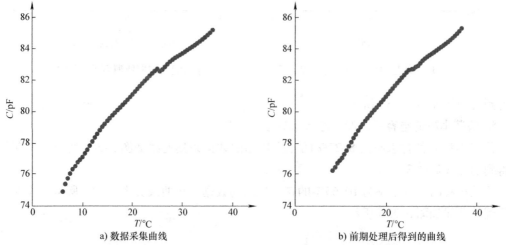

a) 数据采集曲线　　　　　　　　　b) 前期处理后得到的曲线

图 3-35　鲁花小粒（含水率为 10.65%）的数据采集曲线及前期处理后得到的曲线

鲁花小粒品种含水率为 16.21% 的花生样品的数据采集曲线如图 3-36a 所示，前期处理后得到的曲线如图 3-36b 所示。

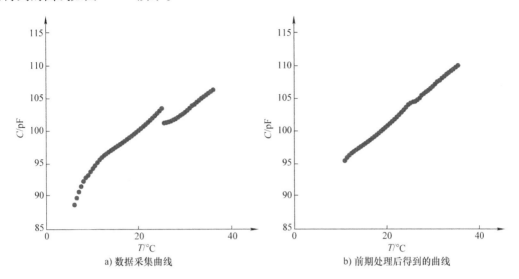

图 3-36　鲁花小粒（含水率为 16.21%）的数据采集曲线及前期处理后得到的曲线

鲁花小粒品种含水率为 22.09% 的花生样品的数据采集曲线如图 3-37a 所示，前期处理后得到的曲线如图 3-37b 所示。

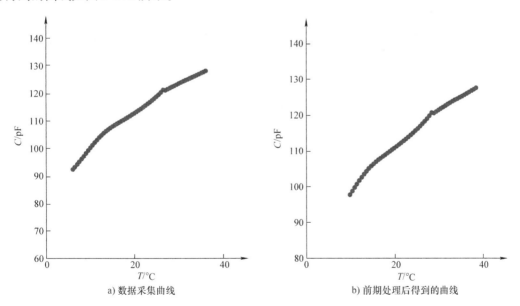

图 3-37　鲁花小粒（含水率为 22.09%）的数据采集曲线及前期处理后得到的曲线

鲁花小粒品种含水率为 25.17% 的花生样品的数据采集曲线如图 3-38a 所示，前期处理后得到的曲线如图 3-38b 所示。

对每个品种花生样品的数据进行观察并剔除异常值后，对剩余的试验数据进行温度 - 电容关系分析，最终分别得到每个品种下不同含水率对应的温度 - 电容曲线，如图 3-39 ~ 图

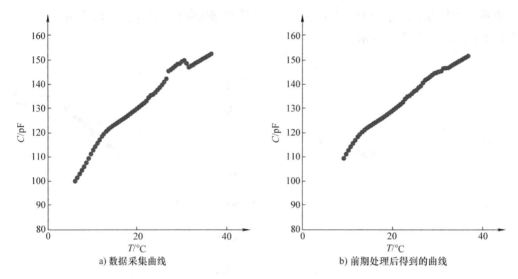

a) 数据采集曲线　　　　　　　　　b) 前期处理后得到的曲线

图 3-38　鲁花小粒（含水率为 25.17%）的数据采集曲线及前期处理后得到的曲线

3-43 所示。从图中可以看出，不管是鲁花品种还是东北王和四粒红品种的花生样品，当温度不断升高时电容值会不断增大，当含水率增大时电容值增加的幅度越来越大。最后将 5 个品种花生样品的温度 – 电容曲线画在同一个图中，如图 3-44 所示。

由图 3-44 可知，固定含水率下花生样品的温度和电容是线性相关的关系，故通过分析可以得到不同含水率的花生样品在不同温度条件下对应的电容值。以温度和电容值作为自变量，以含水率作为因变量，对这 3 个参数采用 MATLAB 进行线性回归分析，最终得到含水率、温度、电容之间的关系式（数值关系式）为

$$M = -3.1731 - 0.1708T + 0.2211C \tag{3-1}$$

式中，M 是含水率（%）；T 是温度（℃）；C 是电容（pF）。

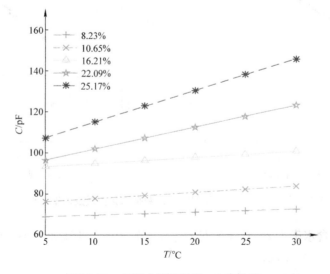

图 3-39　鲁花小粒的温度 – 电容曲线

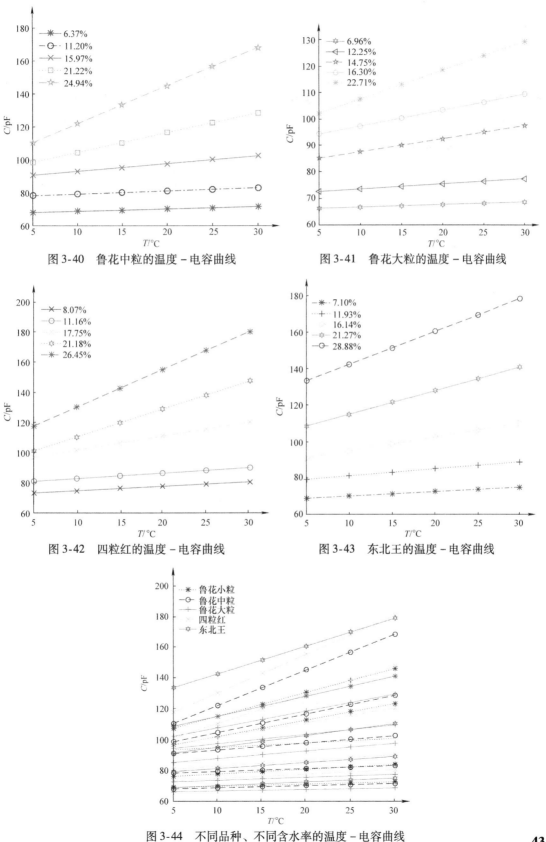

图 3-40　鲁花中粒的温度 – 电容曲线

图 3-41　鲁花大粒的温度 – 电容曲线

图 3-42　四粒红的温度 – 电容曲线

图 3-43　东北王的温度 – 电容曲线

图 3-44　不同品种、不同含水率的温度 – 电容曲线

3.4.3 容重－含水率关系研究

本试验中花生的容重可用花生的形状来区分，故采用 5 种形状不同的花生来进行试验。由于 5 个品种的花生形状、大小都不同，所以在测试单元中其排列方式不同，因此颗粒之间的孔隙就不同，单位体积内花生的重量就不同，故而容重就不同。以鲁花大粒品种中含水率为 6.96% 和 12.25% 的花生样品为例，每组花生样品进行 10 次测量，再将 10 次测量结果的平均值也作为试验数据，见表 3-3。

表 3-3　含水率 6.96% 和 12.25% 鲁花大粒花生对应的容重试数数据

含水率（%）	容重/（g/L）	容重平均值/（g/L）
6.96	570.83	570.41
	562.50	
	566.66	
	570.83	
	566.66	
	579.16	
	570.83	
	575.00	
	566.66	
	575.00	
12.25	554.16	569.16
	558.33	
	562.50	
	566.66	
	570.83	
	575.00	
	579.16	
	583.33	
	579.16	
	562.50	

对 5 个品种的 25 组花生样品分别进行 10 次测量，测量数据取平均值后各含水率与容重的数据见表 3-4。

表 3-4　各品种花生含水率与容重的数据

品种	含水率（%）	容重/（g/mL）
鲁花大粒	6.96	0.57041
	12.25	0.56916
	14.75	0.56250
	16.30	0.55208
	22.71	0.51916
鲁花中粒	6.37	0.58194
	11.20	0.57916
	15.97	0.57500
	21.22	0.56458
	24.94	0.55166
鲁花小粒	8.23	0.60958
	10.65	0.60833
	16.21	0.60708
	22.09	0.60541
	25.17	0.59541
东北王	7.10	0.65900
	11.93	0.63700
	16.14	0.63300
	21.27	0.62200
	28.88	0.61300
四粒红	8.07	0.68000
	11.16	0.65200
	17.75	0.63700
	21.18	0.63300
	26.45	0.62700

　　东北王含水率与容重的关系如图 3-45 所示。四粒红含水率与容重的关系如图 3-46 所示。鲁花小粒含水率与容重的关系如图 3-47 所示。鲁花中粒含水率与容重的关系如图 3-48 所示。鲁花大粒含水率与容重的关系如图 3-49 所示。其中 M 是含水率，ρ 是容重。由图可知，随着含水率不断增高，容重越来越小。

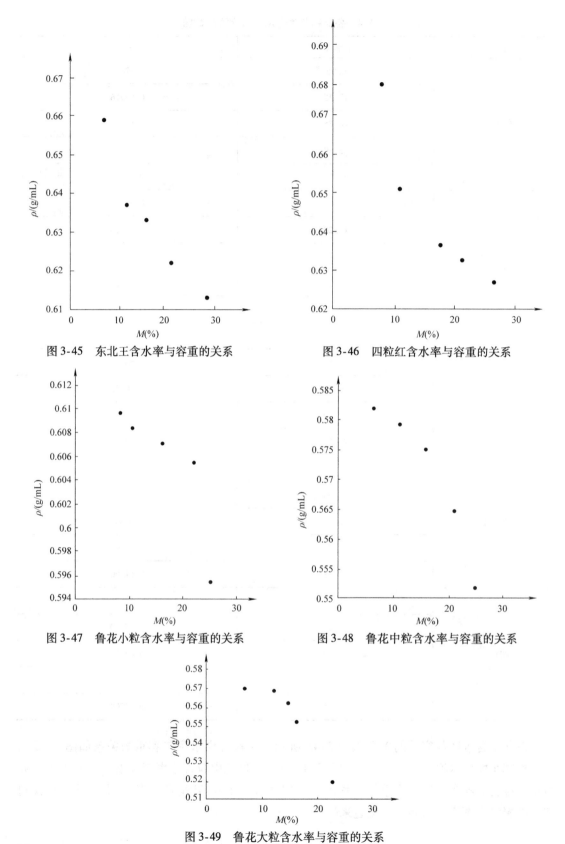

图 3-45　东北王含水率与容重的关系

图 3-46　四粒红含水率与容重的关系

图 3-47　鲁花小粒含水率与容重的关系

图 3-48　鲁花中粒含水率与容重的关系

图 3-49　鲁花大粒含水率与容重的关系

3.5　花生含水率多参数回归模型的建立

3.5.1　最小二乘法

最小二乘法是一种数学优化技术，它通过最小化误差的二次方和寻找数据的最佳函数匹配。利用最小二乘法可以简便地求得未知的数据，并使得这些求得的数据与实际数据之间误差的二次方和为最小。其基本公式为

$$f(x) = a_1\varphi_1(x) + a_2\varphi_2(x) + \cdots + a_m\varphi_m(x)$$

有超定方程组（超定指未知数小于方程个数）

$$\sum_{j=1}^{n} X_{ij}\boldsymbol{\beta}_j = y_i \quad (i = 1,2,3,\cdots,m) \tag{3-2}$$

其中 m 代表有 m 个等式，n 代表有 n 个未知数 β，$m > n$。将其进行向量化后为

$$X\boldsymbol{\beta} = \boldsymbol{y} \tag{3-3}$$

$$X = \begin{pmatrix} X_{11} & X_{12} & \cdots & X_{1n} \\ X_{21} & X_2 & \cdots & X_{2n} \\ \vdots & \vdots & & \vdots \\ X_{m1} & M_{m2} & \cdots & X_{mn} \end{pmatrix}, \boldsymbol{\beta} = \begin{pmatrix} \beta_1 \\ \beta_2 \\ \vdots \\ \beta_n \end{pmatrix}, \boldsymbol{y} = \begin{pmatrix} y_1 \\ y_2 \\ \vdots \\ y_n \end{pmatrix} \tag{3-4}$$

显然该方程组一般而言没有解，所以为了选取最合适的 $\boldsymbol{\beta}$ 让该等式"尽量成立"，引入残差平方和函数 S，有

$$S(\boldsymbol{\beta}) = \|X\boldsymbol{\beta} - \boldsymbol{y}\|^2 \tag{3-5}$$

在统计学中，残差平方和函数可以看成 n 倍的均方误差（MSE）。

当 $\boldsymbol{\beta} = \hat{\boldsymbol{\beta}}$ 时，$S(\boldsymbol{\beta})$ 取最小值，记作

$$\hat{\boldsymbol{\beta}} = \arg \min \left[S(\boldsymbol{\beta}) \right] \tag{3-6}$$

通过对 $S(\boldsymbol{\beta})$ 进行微分求最值，可以得到

$$X^{\mathrm{T}}X\hat{\boldsymbol{\beta}} = X^{\mathrm{T}}\boldsymbol{y} \tag{3-7}$$

如果矩阵 $X^{\mathrm{T}}X$ 非奇异则 $\boldsymbol{\beta}$ 有唯一解，即

$$\hat{\boldsymbol{\beta}} = (X^{\mathrm{T}}X)^{-1} X^{\mathrm{T}}\boldsymbol{y} \tag{3-8}$$

一般在生产实践和科学研究中，人们得到了自变量 $X = (X_1,X_2,\cdots,X_n)$ 和因变量 Y 的数据，需要求出自变量与因变量的关系式 $Y = F(X)$，这时候就要用到回归分析的方法了。当自变量只有 1 个时，即 $X = (X_1,X_2,\cdots,X_n)$ 中 $n = 1$ 时，称为一元线性回归。当自变量有多个时，即 $X = (X_1,X_2,\cdots,X_n)$ 中 $n \geqslant 2$ 时，称为多元线性回归。多元回归分析的原理是采用最小二乘法，目的是使得所求出来的数据和实际的数据之间误差的二次方和最小。本次试验过程中，通过对采集得到的含水率、电容、温度、容重几个参数进行拟合分析，得到含水率与电容、温度、容重 3 个因素间的数学模型。

3.5.2　花生含水率多参数回归模型的建立

找到存储试验数据的表格，将试验数据以数值矩阵的形式导入 MATLAB 的命令窗口，

使用 regress 命令对数据进行线性回归分析，可以得到参数 b、bint、r、rint、stats 的值，这 5 个值依次是方程的回归系数、回归系数的区间估计、残差、置信区间和用于检验回归模型的统计量。使用 rstool 命令建立花生含水率检测的数学模型，如图 3-50 所示。

图 3-50 中是使用 rstool 命令得到的纯二次模型界面，其中的 X1、X2、X3 分别代表温度、电容和容重，同时可以得到含水率的预测值。随意单击 X1、

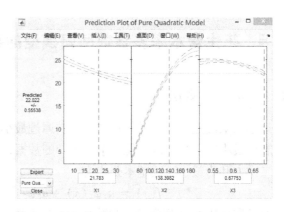

图 3-50　花生含水率检测的数学模型

X2、X3 的值就可以得到不同的预测含水率值。在此界面上可以自由切换模式，将其切换到多元二项式回归的任意一个模型，通过单击"输出"命令，将数据的回归系数、残差、剩余标准差（RMSE）输出，直接从窗口打开就可得到这几个参数值。通过多元回归分析得到的拟合方程（数值方程）如下。

纯二次模型为

$$M = -73.0928 - 0.2416T + 0.5183C + 199.5535\rho + 0.0021T^2 - 0.0013C^2 - 180.2545\rho^2 \tag{3-9}$$

线性模型为

$$M = 10.8703 - 0.1698T + 0.2169C - 22.6124\rho \tag{3-10}$$

交叉模型为

$$M = -1.0769 + 0.5067T + 0.2845C - 21.6447\rho - 0.0046TC - 0.3516T\rho + 0.0789C\rho \tag{3-11}$$

完全二次模型为

$$M = -61.5778 - 0.1658T + 0.4994C + 161.5432\rho - 0.0024TC + 0.0689T\rho + 0.0367C\rho + 0.0047T^2 - 0.0011C^2 - 153.3964\rho^2 \tag{3-12}$$

式中，M 是含水率（%）；C 是电容（pF）；T 是温度（℃）；ρ 是容重（g/mL）。

通过 MATLAB 的 rcoplot 命令将以上 4 个模型的残差图导出，图 3-51 ～图 3-54 分别为纯二次模型、线性模型、交叉模型、完全二次模型的残差。

经过对这 4 个模型的对比，导出的参数值中线性模型、纯二次模型、交叉模型、完全二次模型的复相关系数分别为 9.228×10^{-1}、9.623×10^{-1}、9.432×10^{-1}、9.659×10^{-1}，剩余标准差的值分别为 1.8051、1.2638、1.5499、1.2023。对比之下，完全二次模型的复相关系数最大，剩余标准差最小，说明该模型拟合的程度最好。因此，采用完全二次模型作为含水率检测的数学模型。

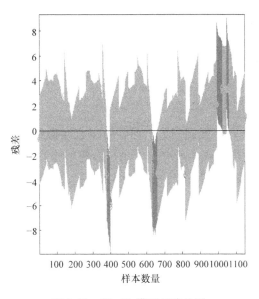

图 3-51　纯二次模型的残差图

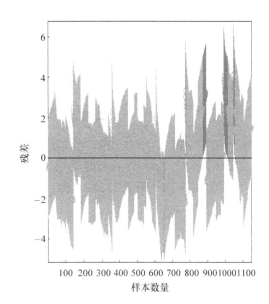

图 3-52　线性模型的残差图

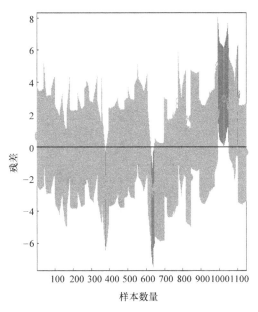

图 3-53　交叉模型的残差图

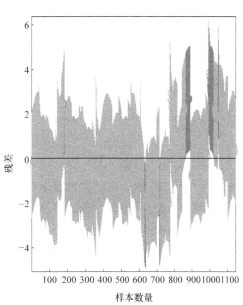

图 3-54　完全二次模型的残差图

3.6　花生含水率回归模型的检验

3.6.1　拟合程度检验

在进行拟合程度检验时，根据复相关系数 R^2 来进行判断，可以采用如下的公式来计算：

$$R^2 = \frac{\sum (\hat{y} - \bar{y})^2}{\sum (y - \bar{y})^2} = 1 - \frac{\sum (y - \hat{y})^2}{\sum (y - \bar{y})^2} \tag{3-13}$$

$$\sum (y - \hat{y})^2 = \sum y^2 - (b_0 \sum y + b_1 \sum y x_1 + b_2 \sum y x_2 + \cdots + b_k \sum y x_k) \tag{3-14}$$

$$\sum (y - \bar{y})^2 = \sum y^2 - \frac{1}{n} \left(\sum y \right)^2 \tag{3-15}$$

式中，$\hat{y}$ 是估计值；$\bar{y}$ 是平均值。在使用 MATLAB 进行多元回归分析时，可以直接得到 R^2 的值。R^2 的值越大，回归方各对样本数据点拟合的程度越强，所有自变量与因变量的关系越密切。根据分析结果（见表3-5）可知，选用完全二次模型时 R^2 的值最大，剩余标准差的值最小。

表 3-5　分析结果

模型	R^2	剩余标准差
线性模型	9.228×10^{-1}	1.8051
纯二次模型	9.623×10^{-1}	1.2638
交叉模型	9.432×10^{-1}	1.5499
完全二次模型	9.659×10^{-1}	1.2023

3.6.2　回归方程的显著性检验

回归方程的显著性检验是指检验整个回归方程的显著性，常用 F 检验来完成，其计算公式为

$$F = \frac{\sum (\hat{y} - \bar{y})^2 / k}{\sum (y - \hat{y})^2 / (n - k - 1)} = \frac{R^2 / k}{(1 - R^2)/(n - k - 1)} \tag{3-16}$$

在进行判断的时候，由已知的显著性水平 ∂、自由度 $(k, n - k - 1)$ 查 F 分布表得到临界值 F_∂。如果 $F > F_\partial$，说明方程通过显著性检验；如果 $F < F_\partial$，就说明回归的效果不显著。这里采用 MATLAB 进行多元线性回归分析（其中自带 F 检验的命令），通过 regress 命令进行分析后返回得到的参数中，stats 数值中对应统计量 F 的 p 值若满足 $p < 0.05$ 的条件，则表明满足条件，通过回归方程的显著性检验。返回的参数中对应 F 的 p 值为 0，满足检验条件，所以该模型通过回归方程的显著性检验。

3.6.3　多重共线性的判别

数学意义上来说，对于变量 X_1，X_2，$\cdots$，X_m，如果存在不全为 0 的常数 K_1，K_2，$\cdots$，K_m，使得 $K_1 x_1 + K_2 x_2 + \cdots K_m X_m = 0$ 成立，则称变量 X_1，X_2，$\cdots$，X_m 之间存在完全共线性。如果在一个含有多个变量的模型中，变量之间满足上述公式，就称这些变量之间存在完全的多重共线性。

在多元线性回归方程中，自变量和因变量之间有明显的线性相关，若这种相关关系超过了自变量与因变量的线性关系，就会使模型的回归系数预测不准确。要判别多元线性回归方

程中多重共线性的情况是否存在，则需计算每两个自变量之间的可决系数 r，如果 r^2 接近或者大于 R^2，那么就需要解决多重共线性的问题。也可以用其他的方法，即通过计算自变量之间的相关系数矩阵的特征值的条件数 k 来判别，$k = \lambda_1 / \lambda_p$（$\lambda_1$ 为最大特征值，λ_p 为最小特征值）。如果 $k < 100$，就表明不存在多重共线性；如果 $100 \leq k \leq 1000$，就表明多重共线性较强；如果 $k > 1000$，则表明自变量之间存在严重的多重共线性。当存在多重共线性时，可以通过转换自变量的取值来解决，即变绝对数为相对数或平均数，或者更换其他的自变量。

这里采用计算每两个自变量之间的可决系数来判别回归模型是否存在多重共线性。本试验中，自变量分别为电容、温度和容重，对它们之间的可决系数计算后得到温度与电容之间的可决系数值为 9.43×10^{-2}，容重和温度、容重和电容之间的可决系数均为 1.3×10^{-2}，均远远小于方程的 R^2，因此方程的自变量之间不存在多重共线性的问题。

3.6.4　回归系数的显著性检验

在多元线性回归模型中，方程的总体线性关系式是显著的，并不能说明每个解释变量对被解释变量的影响都是显著的。因此，必须对每个解释变量进行回归性检验，以决定是否将其保留在模型中。

检验时先将统计量 t_i 计算出来，然后依据已知的显著性水平 ∂、自由度 $n-k-1$ 查 t 分布表得到临界值 t_∂ 或 $t_{\partial/2}$，如果 $t_i > t-\partial$ 或 $t_i > t_{\partial/2}$ 则说明回归系数与 0 有显著性差异，反之则说明回归系数与 0 无显著性差异。统计量 t_i 的计算公式为

$$t_i = \frac{b_i}{s_y \sqrt{C_{ij}}} = \frac{b_i}{s_{bi}} \tag{3-17}$$

式中，C_{ij} 是多元线性回归方程中求解回归系数矩阵的逆矩阵（$X^T X$）的主对角线上的第 j 个元素。回归系数显著性检验的目的是通过检验回归系数 β 与 0 是否有显著性差异，来判断因变量和自变量之间是否有显著性差异，若 $\beta \neq 0$ 则判断二者之间有显著的线性关系。

3.7　花生含水率测量数学模型的分析与选择

3.7.1　未进行容重修正的数学模型的拟合度分析

对于不同品种、不同含水率的花生样品，用未进行容重修正的数学模型预测得到的含水率值和烘干法得到的实际含水率值进行比较，见表 3-6。对得到的花生含水率的预测值和实际值进行比较，拟合分析后得到二者之间的决定系数 $R^2 = 9.138 \times 10^{-1}$，如图 3-55 所示。

表 3-6　含水率实际值与预测值的比较

品种	温度/℃	电容/pF	实际含水率（%）	预测含水率（%）	绝对误差（%）
鲁花中粒	15.508368	69.456102	6.37	9.37	3.00
鲁花大粒	22.003432	67.731688	6.96	7.63	0.67
东北王	19.022298	72.190329	7.10	9.27	2.17

（续）

品种	温度/℃	电容 /pF	实际含水率 （%）	预测含水率 （%）	绝对误差 （%）
四粒红	27.018835	79.700579	8.07	9.34	1.27
鲁花小粒	24.095928	72.026225	8.23	8.18	−0.05
	7.048252	76.102782	10.65	12.64	1.99
四粒红	23.000675	89.015517	11.16	12.30	1.14
鲁花中粒	33.992917	86.525388	11.20	9.46	−1.74
东北王	15.051743	83.288509	11.93	12.63	0.70
鲁花大粒	13.017718	74.119451	12.25	10.95	−1.30
	17.500214	91.206020	14.75	13.94	−0.81
鲁花中粒	25.001206	102.37269	15.97	14.95	−1.02
东北王	10.046570	94.813574	16.14	16.31	0.17
鲁花小粒	16.499445	98.220623	16.21	15.76	−0.45
鲁花大粒	27.000045	107.328967	16.30	15.67	−0.63
四粒红	15.559201	107.72001	17.75	18.13	0.38
	16.018860	121.88110	21.18	21.28	0.10
鲁花中粒	17.494887	113.0668652	21.22	18.95	−2.27
东北王	20.002765	127.67666	21.27	21.78	0.51
鲁花小粒	23.500756	127.67666	22.09	18.53	−3.56
鲁花大粒	18.501214	118.407706	22.71	19.97	−2.74
鲁花中粒	29.500530	173.49511	24.94	30.32	5.38
鲁花小粒	20.490365	130.645990	25.17	22.36	−2.81
四粒红	13.524731	136.71520	26.45	25.19	−1.26
东北王	21.018279	164.216828	28.88	29.95	1.07

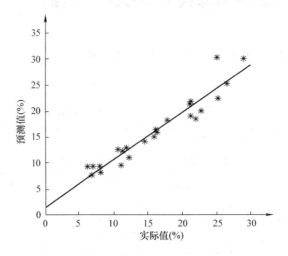

图 3-55　含水率实际值和预测值的比较

3.7.2　进行容重修正的数学模型的拟合度分析

对于随机配制的不同品种、不同含水率的花生样品，用数学模型预测得到的计算含水率值和烘干法得到的实际含水率值进行比较，见表 3-7。拟合分析后得到二者之间的决定系数 $R^2 = 9.998 \times 10^{-1}$，说明该模型预测花生含水率的精度较高，可以用来很好地预测花生的含水率，如图 3-56 所示。

表 3-7　含水率实际值与预测值的比较

品种	温度 /℃	电容 /pF	容重 /（g/L）	实际含水率 （%）	预测 含水率（%）	绝对误差 （%）
鲁花中粒	15.508368	69.456102	581.9	6.37	6.39	0.02
鲁花大粒	22.003432	67.731688	570.4	6.96	6.91	-0.05
东北王	19.022298	72.190329	659.0	7.10	7.00	-0.10
四粒红	27.018835	79.700579	680.0	8.07	7.93	-0.14
鲁花小粒	24.095928	72.026225	609.6	8.23	8.15	-0.08
	7.048252	76.102782	608.3	10.65	10.80	0.15
四粒红	23.000675	89.015517	652.0	11.16	11.09	-0.07
鲁花中粒	33.992917	86.525388	579.2	11.20	11.20	0.00
东北王	15.051743	83.288509	637.0	11.93	11.89	-0.04
鲁花大粒	13.017718	74.119451	569.2	12.25	12.13	-0.12
	17.500214	91.206020	562.5	14.75	14.64	-0.11
鲁花中粒	25.001206	102.37269	575.0	15.97	15.98	0.01
东北王	10.046570	94.813574	633.0	16.14	16.14	0.00
鲁花小粒	16.499445	98.220623	607.1	16.21	16.06	-0.15
鲁花大粒	27.000045	107.328967	552.1	16.30	16.33	0.03
四粒红	15.559201	107.72001	637.0	17.75	17.64	-0.11
	16.018860	121.88110	633.0	21.18	21.32	0.14
鲁花中粒	17.494887	113.0668652	564.5	21.22	21.24	0.02
东北王	20.002765	127.67666	622.0	21.27	21.37	0.10
鲁花小粒	23.500756	116.635589	605.4	22.09	22.20	0.11
鲁花大粒	18.501214	118.407706	519.2	22.71	22.72	0.01
鲁花中粒	29.500530	173.49511	551.7	24.94	24.85	-0.09
鲁花小粒	20.490365	130.645990	595.4	25.17	25.11	-0.06
四粒红	13.524731	136.71520	627.0	26.45	26.33	-0.12
东北王	13.524731	164.216828	613.0	28.88	28.75	-0.13

经过比较分析，选择进行容重修正的数学模型。试验结果表明：含水率在 5% ~30% 范围内，温度在 0 ~40℃ 范围内，该模型含水率预测的误差在 ±0.15% 以内，能较好地满足检测需要。

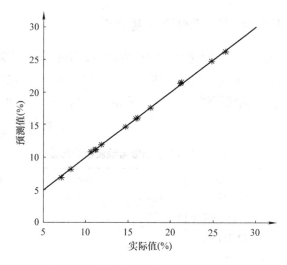

图 3-56　含水率实际值和预测值的比较

3.8　本章小结

　　本章主要对 5 个品种 25 种含水率的花生籽粒样品进行了含水率 - 电容 - 温度 - 容重关系的试验研究。

　　1) 设计了各部分试验参数的获取流程，通过自动化测量系统采集数据，用 BenchVue 软件输出含水率、电容、温度以及容重的试验数据。

　　2) 去除试验数据中的异常点，对剩余的试验数据采用线性回归分析，分别得到了花生的含水率 - 电容、电容 - 温度、含水率 - 容重相关关系。回归分析的结果表明：当温度一定时，花生的电容随着含水率增高越来越大；当含水率一定时，电容随着温度的升高越来越大；温度一定时，含水率越高容重越小。

　　3) 将含水率作为因变量，建立了含水率与温度、电容、容重关系的数学模型，并对得到的方程进行了拟合程度检验、显著性检验和多重共线性判别。

　　4) 通过比较两种数学模型的拟合度，发现包含容重参数的数学模型预测的决定系数 $R^2 = 9.998 \times 10^{-1}$，大于不包含容重参数的数学模型预测的决定系数 9.138×10^{-1}。因此本研究认为，将容重这一因素引入射频法电容含水率测试领域，必然会提高含水率测量的精度和重复性。

第4章 玉米含水率测试影响因素的关系 研究及数学模型建立

4.1 影响因素分析

常温下，水的相对介电常数约为80，干物质的相对介电常数为2~4。谷物的相对介电常数、损耗因数及损耗角正切反映着谷物介电特性的特点，国内外针对谷物的介电特性所做的研究也主要是针对这三个方面。电容式水分测定仪的原理是：放入极板的物料因含水率的不同，其介电常数也不同，导致电容发生改变，通过测量电容的变化，间接测出物料的含水率。电容式谷物水分测定仪的尺寸固定后，其测量结果只与被测谷物的介电常数有关。一直以来，国内外学者对粮食的介电特性进行了大量的研究。Nelson针对谷物介电特性的影响因素进行了综述：在对大量以小麦和玉米为研究对象的参考文献进行研究后，发现影响谷物介电特性的两个最主要的因素是谷物的含水率和外加电场的测试频率，谷物的容重和温度也会影响其介电特性。此外，谷物的吸附和解吸特性以及自身的化学成分也对介电特性有较小的影响。介电常数随着含水率的增加和外加电场频率的减小而增加，而损耗因数和损耗角正切值在这两种情况下可能增大也可能减小，具体变化取决于温度和外加电场频率的范围。容重和温度对介电常数的影响是正相关的，但是损耗因数和损耗角正切值的变化也要取决于含水率和外加电场频率的大小。通常对含水率检测结果产生影响的主要因素有以下几方面。

4.1.1 谷物的品种及其粒型

不同品种的谷物在含水率相同时，其介电常数并不相同。谷物是非均质材料，但一般把谷物视作均匀电介质来研究其介电特性。同一谷物品种也有很多类型，其籽粒大小、饱满度和表面光滑度等的不同都会使其在传感器电极间的排列不同，产生的间隙也就不同，因此使得测量的有效介电特性也不同。

4.1.2 谷物的温度和外加电场测试频率

谷物含水率检测环境的温度可能在-30~40℃范围内变化，会产生4.0%~7.0%的测量误差。谷物内部水分子的热运动受温度影响，温度越高，内部正负电荷运动越激烈，受外加电场影响时，极化效果越明显。一般情况下，检测环境的温度越高，电容式传感器电容变化越大，结果就会偏大。

外加电场的测试频率一般在 1 ~50MHz 范围内。早期针对小麦、玉米、燕麦和大麦的研究显示，在固定频率下介电常数随含水率的增加而增大，对于同一含水率的谷物而言，随着频率的增大介电常数可能减小也可能保持不变。

4.1.3 谷物的容重

谷物的容重是指单位容积内谷物的重量，它是反映谷物重量、籽粒形状及大小等品质的综合指标。含水率是影响容重的一个重要因素，容重会随谷物含水率的变化而变化。对于大部分谷物来说，由于水的比重小于干物质的比重，故一般情况下含水率的大小与容重呈负相关关系。一般来说，颗粒饱满、籽粒较小或是含水率低的谷物，容重会较大；反之，容重会较小。含水率大的谷物，其谷物颗粒体积也较大，单位容积内的重量就较小。

4.1.4 环境湿度

环境湿度影响谷物的吸湿和解吸过程，空气湿度越大谷物的平衡含水率越大。低含水率谷物在湿度较大的外界环境下测量，谷物吸水达到平衡，会使得测量结果偏大；反之，高含水率谷物解吸，会使得测量结果偏小。

4.2 样品的制备

4.2.1 试验材料

试验选用的是黄淮海地区和东北第四积温带地区种植广泛的玉米品种，分别是山东的登海 605、河南的郑单 958、山西的瑞普 909、黑龙江的克玉 16、江苏的苏科玉 1409，其初始湿基含水率均在 12% 左右。在制备样品前，须对样品进行初步筛选，剔除残次粒、变质粒。

4.2.2 主要试验设备

1）三极板平行板电容器。

2）阻抗分析仪（E4991B 型，Keysignt，美国）。

3）数据采集开关单元（34972A 型，Keysignt，美国）。

4）空调（KFR 型，珠海格力电器股份有限公司，珠海）。

5）冰箱（BCD - 118TMPA 型，海尔智家股份有限公司，青岛）。

6）实验室粉碎磨 [3310 型，波通瑞华科学仪器（北京）有限公司，北京]。

7）电热恒温鼓风干燥箱（DHG - 9140A 型，上海一恒科学仪器有限公司，上海）。

8）电子天平（W 型，精度为 0.001g，上海鹰衡称重设备有限公司，上海）。

9）高低温试验箱（LK - 80G 型，东莞市勤卓环境测试设备有限公司，东莞）。

10）其他用具：密封袋、保鲜膜、铝盘、干燥皿、透明胶带、计算机、20 通道多路复用器模块等。

4.2.3　玉米样品的制备

为使玉米籽粒样品的含水率呈梯度分布，需要喷洒蒸馏水调节样品的含水率。测得各玉米品种的初始含水率，然后使用电子天平为每个品种称取 4 份 300g 的玉米籽粒，放入密封袋中密封保存。根据每个品种的含水率初始值和制备值，喷洒蒸馏水的重量 W 由式（4-1）计算得出。

$$W = \frac{(M_2 - M_1)W_1}{1 - M_2} \tag{4-1}$$

式中，M_1 是玉米品种的初始湿基含水率（%）；M_2 是玉米品种需要配得的含水率（%）；W 是需要喷洒的蒸馏水重量（g）；W_1 是玉米品种的重量（g）。

采用边摇晃样品边喷洒蒸馏水的方式制备样品，在制备高含水率样品时应采用少量多次的喷洒原则。喷水完成后，将试验样品存放在双道密封袋中密封，以减少水分散失。将密封袋放置在 23℃ 的环境中避光保存 48h，在此期间每隔 3h 晃动一次，使玉米籽粒充分均匀吸收水分。吸水完成后，将玉米籽粒样品水平放置在冰箱 4℃ 环境中冷藏 7d，使整袋试验样品水分分布均衡。制备完成的部分试验样品如图 4-1 所示。

图 4-1　制备完成的部分试验样品

4.3　测量方法

4.3.1　介电常数的测量方法

玉米籽粒介电常数的测量装置主要由阻抗分析仪、高低温试验箱、数据采集开关单元、20 通道多路复用器模块、平行板电容器及计算机组成。在每次试验之前需提前将待测玉米样品从冰箱中取出，使其恢复至室温，以防止玉米籽粒表面因冷凝形成水滴影响测量结果的准确性。在正式测量之前，要对 E4991B 型阻抗分析仪提前预热 2h，并使用 T 型一体 N 型母头校准件对阻抗分析仪分别进行开路、短路和 50Ω 负载校准。校准完毕后，将待测玉米样品在 100mm 的高度以自由落体方式落入平行板电容器中，并将此时测得的容重作为低容重；再通过增加样品量来增加容重，此时测得的容重作为高容重。将平行板电容器放在高低温试验箱的中心位置，且每次试验时都保持其位置一致。用刮板按"Z"形刮去多余样品，使样品与测量槽上边缘齐平。在装载完成的测量槽上覆盖保鲜膜，并用透明胶带密封，以减少试验过程中样品水分的散失。在 1~200MHz 频率范围内测量不同含水率、温度、容重的玉米籽粒的介电常数。测量装置如图 4-2 所示。

图 4-2 测量装置

4.3.2 含水率的测量方法

1. 湿基含水率的测量方法

在 130 ~ 133℃对玉米籽粒样品进行湿基含水率测量，当含水率在 9% ~ 15% 范围内时，采用一次烘干；当含水率大于 15% 或小于 9% 时，采用两次烘干。（参考 GB/T 10362—2008 的相关规定）

2. 玉米籽粒含水率的测量步骤

1）电热恒温。将鼓风干燥箱的烘干温度调节至 130℃，将洁净的空干燥铝盘放入鼓风干燥箱，烘干 30 min 后取出冷却至室温，称取重量；再烘干 30min，冷却至室温后称取重量。如此多次操作，直到相邻两次的重量相差不超过 0.005g 为止，此时的重量计为干燥铝盘的重量 w。

2）第一次烘干。取含水率大于 15% 的磨碎均匀的玉米籽粒 30g 左右（w_1）摊平放在干燥铝盘上，调节鼓风干燥箱温度为 60 ~ 80℃，将装有样品的铝盘放入鼓风干燥箱烘干 1h 后，保证样品完全干燥，取出样品自然冷却 2h 以上且温度降至室温，称取重量 w_2。重复烘干后称重的程序，直至相邻两次称取的重量差不超过 0.005g，此时样品的含水率应已调节为 9% ~ 15%。第一次烘干的湿基含水率计算公式为

$$m_1 = \frac{w_1 - w_2}{w_1 - w} \times 100\% \tag{4-2}$$

式中，m_1 是第一次烘干后玉米样品的含水率（%）；w_1 是烘干前玉米样品和干燥铝盘的重量（g）；w_2 是烘干后玉米样品和干燥铝盘的重量（g）；w 是干燥铝盘的重量（g）。

3）第二次烘干。取少量经过第一次烘干的样品放入恒质干燥铝盘中，并调节干燥箱温度至 130 ~ 133℃，烘干 4h 后加盖取出铝盘放入干燥皿内冷却至室温，使用电子天平称取铝盘和样品的重量。第二次烘干的湿基含水率计算公式为

$$m_1 = \frac{w_1 - w_2 \dfrac{w_4}{w_3}}{w_1} \times 100\% = \left(1 - \frac{w_2 w_4}{w_1 w_3}\right) \times 100\% \tag{4-3}$$

式中，m_2 是第二次烘干后玉米样品的含水率（%）；w_3 是第二次烘干前玉米样品和干燥铝盘的重量（g）；w_4 是第二次烘干后玉米样品和干燥铝盘的重量（g）。

4）每个含水率的玉米样品做三组平行试验，取其平均数作为玉米样品的实际含水率。

4.3.3　温度的测量方法

玉米籽粒的温度通过高低温试验箱编程控制，采用从高温到低温的方式进行。首先将高低温试验箱内温度缓慢上升至40℃，并在此温度保持3h，保证测量样品的温度达到设定值。然后开始温度测量，在 −15 ~40℃范围内每隔5℃采集一个温度点，温度采用阶梯式下降，降温过程在 3h 内完成，最后在 −15℃温度下保持3h。试验完成后，待试验样品恢复至室温后取出。为使 J 型热电偶所测温度可以准确反映玉米样品温度的变化，可将热电偶插入籽粒样品内部中间位置，且应保证每次插入深度一致，以减小温度测量误差。

4.3.4　容重的测量方法

测量槽的长、宽和高分别为 105mm、44mm 和 64.61mm，用电子天平称取装满样品的平行板电容器得到总重量 q_1，清空玉米样品，再次称取平行板电容器得到其重量 q_0，由式（4-4）计算样品的容重 ρ。

$$\rho = \frac{q_1 - q_2}{ldh} \tag{4-4}$$

式中，ρ 是样品的容重（g/L）；q_1 是样品和水分测定仪的总重量（g）；q_2 是水分测定仪的重量（g）；l、d、h 是测量槽的长、宽、高（mm）。

4.4　主要因素对玉米介电常数的影响

玉米籽粒的介电常数与其含水率之间的高度相关性，为快速、无损、准确检测玉米籽粒的含水率提供了基础。激励频率、温度、含水率、容重等都是影响玉米介电常数的主要因素。通过上述玉米籽粒介电常数的测量试验，分析研究不同影响因素对玉米籽粒介电常数的影响，获得介电常数随影响因素的变化关系，确定射频介电法水分测定仪检测玉米籽粒含水率所用的测量频率，为玉米籽粒含水率预测模型的建立提供理论支持。

4.4.1　玉米样品的参数

1. 玉米样品的含水率

玉米在仓库中贮藏时含水率一般在 13% ~15% 范围内，而玉米刚收获时含水率在 28% ~30%（王永刚等，2018），此次制备的玉米籽粒样品的含水率范围为 11.51% ~ 29.25%。5 个品种的玉米样品不同梯度的含水率见表4-1。

2. 玉米样品的容重

不同玉米品种样品在23℃下测得的各含水率对应的低、高容重见表4-2。

表 4-1 5 个品种的玉米样品不同梯度的含水率

含水率编号	玉米品种				
	克玉 16	瑞普 909	郑单 958	苏科玉 1409	登海 605
1	11.74%	12.21%	12.00%	11.51%	12.30%
2	15.48%	17.68%	16.28%	15.84%	17.38%
3	21.86%	22.18%	19.33%	19.53%	23.15%
4	24.72%	26.23%	25.02%	22.83%	29.25%

表 4-2 不同玉米品种样品在 23℃下测得的各含水率对应的容重 （单位：g/L）

含水率编号		1	2	3	4
克玉 16	低	722.99	712.37	646.97	604.18
	高	740.23	728.67	682.02	637.83
瑞普 909	低	700.40	682.26	598.10	573.77
	高	722.03	691.34	661.24	612.71
郑单 958	低	712.96	685.54	649.83	606.87
	高	733.93	702.71	680.90	629.09
苏科玉 1409	低	721.82	696.51	632.30	598.31
	高	733.97	720.90	667.96	622.57
登海 605	低	738.12	683.63	614.75	605.83
	高	750.12	697.26	665.45	623.34

4.4.2 频率对介电常数的影响

图 4-3 所示是 5 个玉米品种低容重时每个品种两个不同含水率条件下在 −15℃、0℃、25℃、40℃时频率对玉米籽粒介电常数 ε' 的影响曲线。

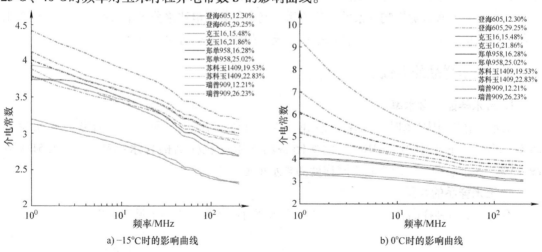

a) −15℃时的影响曲线   b) 0℃时的影响曲线

图 4-3 不同温度下频率对玉米籽粒介电常数的影响曲线

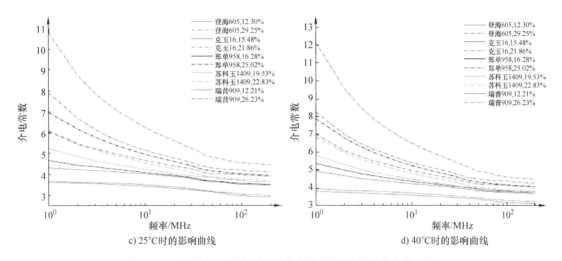

图 4-3　不同温度下频率对玉米籽粒介电常数的影响曲线（续）

由图 4-3 可以看出，在 1~200MHz 的激励频段内，相同品种同一含水率的籽粒样品在不同温度条件下其介电常数 ε' 均随测量频率的增大呈现下降趋势。与 100~200MHz 频率段相比，测量信号在 1~100MHz 频率段内时，玉米籽粒的介电常数减小速度较快，且频率越低，玉米籽粒的介电常数减小速度越快，特别是在 1~20MHz 范围内，玉米籽粒的介电常数迅速降低，随着测量频率的逐渐增大，玉米籽粒介电常数的减小速度才趋于平缓。同一品种的玉米样品在相同温度下时，随着含水率的增大，其介电常数也增大。含水率和温度的改变对介电常数 ε' 随频率增大逐渐减小的规律没有产生影响。

引起玉米籽粒介电常数值随频率发生变化的主要原因是受麦克斯韦 - 瓦格纳效应和偶极子极化效应的影响（Nelson 和 Trabelsi，2017）。由于被测玉米籽粒是非均匀物质且偶极子的再取向和振动速度受频率的影响：在较低频率下，电场变化周期较长，电荷有足够时间积聚在导电区域边界，同时偶极子也有时间完成取向运动，导致介电常数测量值过高；在较高频率下，电场变化周期较快并超前于偶极子的振动速度，电荷没有时间进行积聚，介电常数测量值下降。随着频率的增大，偶极子的极化效应和麦克斯韦 - 瓦格纳效应对介电常数的影响逐渐减小。由图 4-3 可知，当测量频率大于 100MHz 时，介电常数变化趋于平缓（更趋近于线性变化），这时的偶极子极化效应和麦克斯韦 - 瓦格纳效应对玉米籽粒介电常数的影响较小，故在 100~200MHz 频率范围内更适合玉米籽粒介电常数的测量。有研究表明，当测量频率大于 30MHz 时，谷物中水的介质损耗因数明显减小，且随着频率的增加，介质损耗因数持续降低，所以在复介电常数计算时，介电常数的实部起重要作用（甘龙辉，2013；Rui Li 等，2017）。

在射频范围内，相较于多频测量，在单频频点的水分测定仪的设计成本和设计难度更低。为确定玉米籽粒含水率的最佳测量频率，在 100~200MHz 范围内建立了不同频点的含水率与介电常数、温度的多项式方程，如式（4-5）所示。

$$M = a_0 + a_1\varepsilon' + a_2 T + a_3(\varepsilon')^2 + a_4 T\varepsilon' + a_5 T^2 + a_6(\varepsilon')^3 + a_7(\varepsilon')^2 + a_8 T^2\varepsilon' + a_9 T^3$$

$$(4-5)$$

式中，M 是玉米籽粒的含水率（%）；ε' 是玉米籽粒的介电常数；T 是玉米籽粒的温度（℃）；a_1，$\cdots$，a_9 是多项式系数。

通过多项式的拟合程度决定系数 R^2 确定最佳测量频率。$100 \sim 200\text{MHz}$ 频率下决定系数随频率变化的曲线如图 4-4 所示。

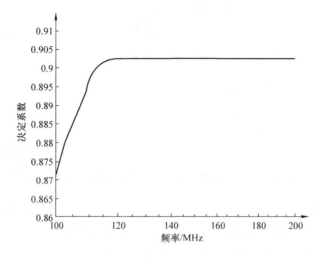

图 4-4 $100 \sim 200\text{MHz}$ 频率下决定系数随频率变化的曲线

由图 4-4 可以看出，在 $100 \sim 120\text{MHz}$ 频率范围内，随着频率的增大决定系数 R^2 不断提高，当频率大于 120MHz 时，决定系数 R^2 增长趋于平缓。因此，玉米籽粒含水率的测量不需要过高的频率，选用 120MHz 作为含水率的最佳测量频率。

4.4.3   温度对介电常数的影响

图 4-5 所示是不同品种的玉米籽粒样品在低容重、120MHz 时，不同含水率下温度（范围为 $-15 \sim 40$℃）对玉米籽粒介电常数的影响曲线。

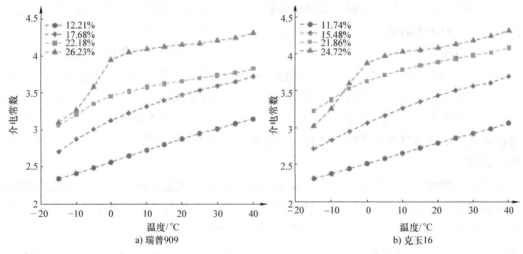

图 4-5   不同含水率下温度对玉米籽粒介电常数的影响曲线

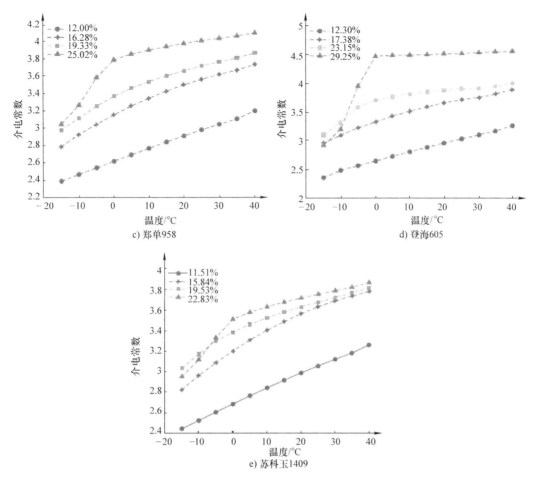

图 4-5　不同含水率下温度对玉米籽粒介电常数的影响曲线（续）

如图 4-5 所示，在 120MHz 时，不同含水率下玉米籽粒的介电常数随温度升高呈现上升趋势，特别是当温度大于 0℃时，玉米籽粒的含水率越高其介电常数越大。这是由于样品中的自由水是极性分子，在温度较高时极性分子比较活跃导致极化分子数增加，并且温度的升高也加速了自由水的布朗运动，因此温度越高介电常数越大。

当温度在 0℃以下时，对于含水率低于 20%的玉米籽粒样品，其介电常数在 −15～40℃范围内呈近似线性增大。这是由于此时玉米籽粒内多为结合水，在 0℃以下不会结冰。对于含水率高于 20%的玉米籽粒样品，随着温度的降低，其介电常数下降速度加剧，且含水率越高介电常数减小速度越快，当温度在 −15～−10℃时，高含水率玉米籽粒样品的介电常数变化率趋于平缓。以苏科玉 1409 含水率为 22.83%的玉米样品为例，−15℃时其介电常数为 2.952，小于含水率为 19.53%时的介电常数 3.031。这是由于高含水率样品中的自由水在 0℃时会结冰，在射频范围内，与玉米中自由水的介电常数相比，冰的介电常数仅为 2.8 左右，因此会引起玉米介电常数的下降。所以，仅结合水的介电常数会随温度单调变化（Meszaros 和 Funk，2006）。

4.4.4　含水率、容重对介电常数的影响

　　含水率、容重是决定玉米等级和售价的一个重要因素。图 4-6 所示是样品温度为 25℃、测量频率为 120MHz 时，不同含水率下各玉米品种的高、低容重对介电常数的影响曲线。

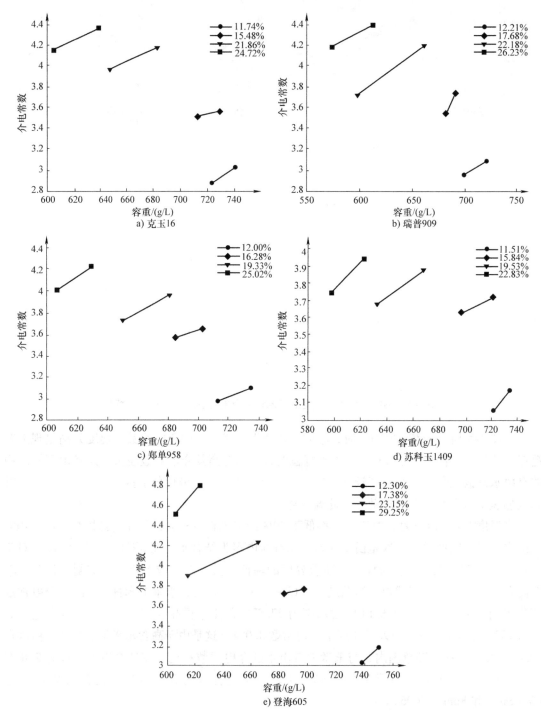

图 4-6　不同含水率、容重对玉米籽粒介电常数的影响曲线

由图 4-6 可知，玉米籽粒的容重在含水率为 12% ～17% 时减小幅度较小。这是由于玉米种皮吸水由褶皱变为光滑，籽粒轻微膨大，造成容重下降，但下降不明显。当含水率在 17% ～22% 时，单粒玉米体积变大，籽粒密度减小，玉米籽粒间孔隙率加大，容重下降明显。当含水率在 22% ～30% 时，受玉米种皮表面张力的影响，籽粒膨胀减缓，孔隙率增大趋于平缓，此时容重减小幅度较小。所以，含水率是影响玉米籽粒容重的重要因素（Bhise，等，2014）。

同一玉米品种在相同含水率下，玉米籽粒的介电常数与容重呈正相关，即随着容重增大介电常数呈现增大趋势。相较于同一品种下的其他含水率，玉米籽粒的含水率在 16% 左右时，介电常数随着容重的变大增速最为缓慢，这主要是因为此时容重变化最小。单位体积内玉米籽粒的重量和个数的增加会使电介质增加，在不断变化的外加电场下，电介质的增加提高了玉米籽粒的储能能力，故介电常数变大。从图 4-6 中还可以看出，玉米籽粒的介电常数随着含水率的增大呈现上升趋势。

4.5　玉米籽粒含水率预测模型的建立

4.5.1　数据的分析及处理方法

使用 MATLAB 建立最优频率下融合介电常数、温度和容重的玉米籽粒含水率预测模型。近年来，许多学者采用支持向量机（Support Vector Machines，SVM）回归和随机森林回归（Random Forest Regression，RFR）建立模型（师翊，等，2019；王鹏新，等，2019；张智韬，等，2020），SVM 和随机森林都具有选择参数少、拟合精度高、泛化能力强的优点。相比神经网络，该模型简单、训练时间短且不易产生过拟合；相较于极限学习机，该模型有更好的预测精度和鲁棒性。因此，选用 SVM 和随机森林分别建立含水率预测模型，对模型进行评价后再选择最适合的预测模型。

1. 样本划分

玉米籽粒含水率预测模型建立时为更接近真实的测量环境，选用自由落体装载方式，即选用低容重时测得的玉米介电常数。试验采集时每个含水率下应测量 12 组温度数据，共有 5 个不同的玉米品种，每个品种下配置了 4 组不同的含水率，故 20 个含水率下共计会得到 240 组数据，随机选择 180 组数据作为模型训练集，其余 60 组数据作为模型测试集。

2. 建模方法概述

（1）SVM 模型　SVM 模型最初仅被应用在数据分类问题上，后被推广应用在非线性回归问题上，是中小样本数据解决非线性模型、高维数等问题的有效工具（刘京，等，2016）。SVM 模型的建立流程如图 4-7 所示。

图 4-7　SVM 模型的建立流程

SVM 模型的建模过程中最关键的部分是核函数的选择，通过核函数解决某些数据点在原空间中的非线性问题转换到高维特征空间中计算复杂性的问题，通过构造最优超平面将非线性问题转换为线性问题（周绍磊，等，2014）。不同的核函数适用范围不同，建立的模型准确率也不同。目前，最常用的几种核函数的表达式和特点见表 4-3。

表 4-3　最常用的几种核函数的表达式和特点

核函数	表达式	特点
线性核函数	$K(\pmb{x}_i,\pmb{x}_j)=\pmb{x}_i\cdot\pmb{x}_j$	适用于低维空间，使用频率低
多项式核函数	$K(\pmb{x}_i,\pmb{x}_j)=(\gamma\pmb{x}_i\cdot\pmb{x}_j+r)^d,\gamma>0$	易出现过拟合，对新样本使用性低
RBF 核函数	$K(\pmb{x}_i,\pmb{x}_j)=\exp(-\gamma\parallel\pmb{x}_i-\pmb{x}_j\parallel^2),\gamma>0$	较宽的收敛域，适用于各种样本，全局性受 γ 的影响
Sigmoid 核函数	$K(\pmb{x}_i,\pmb{x}_j)=\tanh(\gamma\pmb{x}_i\cdot\pmb{x}_j+coef),\gamma>0,coef<0$	实际应用少，需要满足一定条件，其性能在 SVM 中待考量

综合表 4-3 中各核函数的优缺点和含水率与各影响因素之间的关系分析，选用 RBF 核函数作为玉米籽粒含水率 SVM 预测模型的核函数，该核函数可以很好地在高维空间解决低维空间线性不可分的问题，也是 SVM 使用最广泛的核函数。同时为减小模型的误差，对数据进行 Max – Min 归一化处理。

（2）随机森林　随机森林是采用 Bagging 思想的机器学习算法，通过无数次的迭代实现，可以解决分类、聚类和回归等问题。随机森林的本质是决策树，通过生成多棵决策树形成森林，最后取各个决策树预测结果的平均值作为预测值，有效解决了单个决策树泛化能力差的问题。随机森林自主采样有放回地随机选择样本，每棵树的节点随机生成，节点的分割变量也由随机选取的少数变量产生，这样得到的模型不易产生过拟合（王丽爱等，2016）。可以利用 MATLAB 自带的随机森林包 TreeBagger 进行 RFR 模型的建立。TreeBagger 默认建立的是分类树，指定 "Method" "Regression" 便可以作为回归树使用。建立 RFR 模型时只需优化生成森林的规模 ntree 和树节点的变量个数 mtry 即可。

4.5.2　模型的建立及评估

1. SVM 预测模型

完成核函数的选定后，要对 RBF 核函数的惩罚参数 c 和核函数参数 g 进行选择。这里使用网格寻优和 K 折交叉验证相结合的方式寻找最佳参数 c 和 g，K 折交叉验证可以很好地避免过学习和欠学习问题的出现。首先，确定惩罚参数 c 的范围为 $c\in[2^{-10},2^{10}]$，核函数参数 g 的范围为 $g\in[2^{-10},2^{10}]$，划分网格，以 0.8 为粗略搜寻步长。其次，在以 c、g 构建的二维坐标系中，每一个交点为一组参数对，计算每组参数对下的 K 折交叉验证。K 的范围一般大于或等于 3，仅在很小的数据样本时 K 才取 2，在本次验证中 K 取 5，取经过 5 折交叉验证得到的 MSE 平均值作为准确率的评判依据。若得到的 MSE 不能满足要求，则在现有 MSE 的基础上缩小 c 和 g 的范围，缩小搜寻步长，直至得到最优惩罚参数 c 和核函数参数

g。经过网格寻优和交叉验证后以 MSE 为评估标准，当 MSE 有最小值时，得到的惩罚参数 c 为 36.7583，核函数参数 g 为 0.082469，此时 MSE 为 0.011815。以 $\log_c^2$、$\log_g^2$、MSE 分别为 X 轴、Y 轴、Z 轴，绘制 SVM 参数选择效果图，如图 4-8 所示。

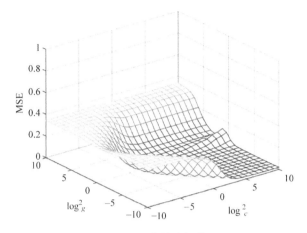

图 4-8　SVM 参数选择效果图

2. RFR 预测模型

RFR 预测模型的输入变量只有介电常数、温度和容重三个变量，参数 *mtry* 默认为总变量的 1/3 个，因此 *mtry* 为 1。对于树的数量 *ntree*，TreeBagger 还能够给出模型建立过程中随着树的数量不断增多整个模型预测误差的变化曲线，如图 4-9 所示。随机森林在有放回地随机采样时，约有 37% 的数据未被采中，被称为袋外数据。随机森林通过袋外误差估计模型残差的方差，其本身的算法类似于交叉验证。袋外误差是对预测误差的无偏估计。从图 4-9 中可以看出，RFR 预测模型的袋外误差随着树的数量不断增加而下降，在 *ntree* = 200 时趋于平稳，说明构建 200 棵树足以达到较高的预测准确度。如此也减少了模型建立的时间。

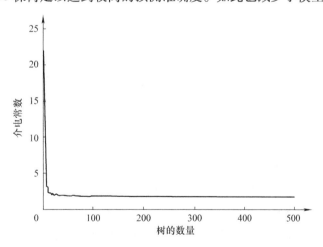

图 4-9　RFR 预测模型的袋外误差随树的数量增长变化的规律

3. 模型的评估及其结果

预测模型通常用以下几个参数进行评估：训练集相关系数 R_T、训练集均方根误差

$RMSE_T$、预测集相关系数 R_P、预测集均方根误差 $RMSE_P$ 以及剩余预测偏差 RPD。相关系数 R 的值总是小于 1 的，越接近 1 模型的拟合程度越高。均方根误差 $RMSE$ 则越小越好。剩余预测偏差 $RPD > 3.0$ 时，所建模型能够很好地预测含水率，且值越大模型越具有稳健性（Nicolai，等，2014）。如式（4-6）~式(4-9) 所示。

$$R = \sqrt{1 - \frac{\sum\limits_{i=1}^{N}(y_i - \hat{y}_i)^2}{\sum\limits_{i=1}^{N}(y_i - \bar{y}_i)^2}} \tag{4-6}$$

$$RMSE = \sqrt{\frac{1}{N}\sum\limits_{i=1}^{N}(\hat{y}_i - y_i)^2} \tag{4-7}$$

$$RPD = \frac{\sqrt{\frac{1}{N}\sum\limits_{i=1}^{N}\left(y_i - \frac{1}{N}\sum\limits_{i}^{N}y_i\right)^2}}{\sqrt{\frac{1}{N}\sum\limits_{i=1}^{N}(\hat{y}_i - y_i)^2}} \tag{4-8}$$

式中，N 是测试集或预测集的样本数；$\hat{y}_i$ 是第 i 个样本的预测含水率（%）；$\bar{y}$ 是整体样本的实际含水率平均值（%）；y_i 是第 i 个样本的实际含水率（%）。

对样本进行划分后，将 120MHz 频点的介电常数、温度和容重作为输入，建立玉米籽粒含水率预测模型。表 4-4 中列出了 SVM 和 RFR 方法所建模型的相关系数 R、均方根误差 $RMSE$ 和剩余预测偏差 RPD。

表 4-4　SVM 和 RFR 方法建模的结果

建模方法	R_T	$RMSE_T$（%）	R_P	$RMSE_P$（%）	RPD
SVM	0.9837	0.9317	0.9941	0.6046	9.3271
RFR	0.9831	0.9669	0.9791	1.0787	4.9144

由表 4-4 可以看出，在 SVM 预测模型中，训练集、预测集的相关系数 R_T、R_P 分别为 0.9837、0.9941，训练集、预测集的均方根误差 $RMSE_T$、$RMSE_P$ 分别为 0.9317%、0.6046%，剩余预测偏差 RPD 为 9.3271。在 RFR 预测模型中，训练集、预测集的相关系数 R_T、R_P 分别为 0.9831、0.9791，训练集、预测集的均方根误差 $RMSE_T$、$RMSE_P$ 分别为 0.9669%、1.0787%，剩余预测偏差 RPD 为 4.9144。SVM 预测模型和 RFR 预测模型的剩余预测偏差 RPD 均大于评估指标值 3.0，表明采用上述两种方法建立的含水率预测模型均可在一定范围内很好地预测玉米籽粒的含水率。SVM 和 RFR 预测模型的效果图如图 4-10 所示。从图 4-10 中可以看出，RFR 预测模型在进行高含水率预测时易出现误差。考虑到 RFR 预测模型的训练时间略长于 SVM 预测模型，且 SVM 预测模型的剩余预测偏差 RPD 大于 RFR 预测模型的该值，因此 SVM 预测模型更适合对玉米籽粒的含水率进行预测。将 SVM 预测模型的核函数类型、惩罚参数、核函数参数等模型参数写入到单片机的内存中便可以进行含水率预测测量了。

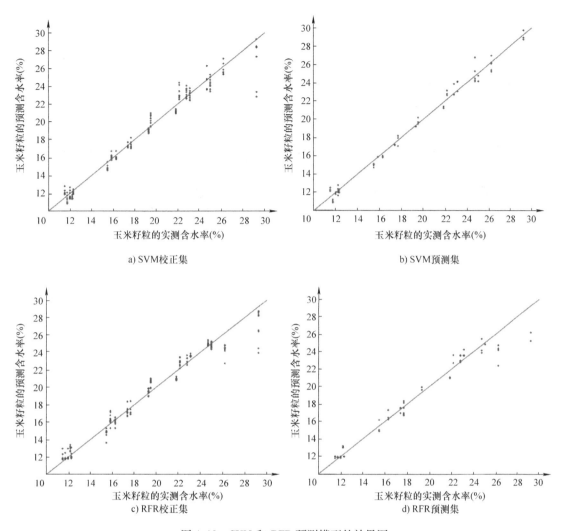

a) SVM校正集

b) SVM预测集

c) RFR校正集

d) RFR预测集

图 4-10   SVM 和 RFR 预测模型的效果图

4.6 本章小结

本章设计了玉米籽粒介电常数的测量试验，研究并分析了激励频率（1~200MHz）、含水率（11.51%~29.25%）、温度（-15~40℃）和容重（低、高）对玉米介电常数的影响规律，利用 MATLAB 2017b 建立了融合介电常数、温度和容重的 SVM、RFR 含水率预测模型，并进行了对比分析。

1）在 1~200MHz 激励频率范围内，玉米籽粒的介电常数随频率的增大而减小，在 100~200MHz 范围内受介质极化效应小，确定了使用射频介电法玉米籽粒水分传感器测量玉米含水率的测定频率为 120MHz，为玉米籽粒含水率预测模型的建立和水分测定仪的硬件电路设计提供了理论依据和数据支持。

2）在相同频率、含水率下：玉米籽粒的介电常数随温度升高呈现上升趋势；低含水率

样品的介电常数在 $-15 \sim 40℃$ 范围内呈线性增大；含水率大于 20% 时，在 $0 \sim -15℃$ 范围内，受自由水结冰的影响，高含水率玉米籽粒的介电常数下降趋势加快。

3）在相同频率、温度下：容重随着含水率的增大而减小；玉米籽粒的介电常数随着容重的升高而呈现增大趋势，也随着含水率的增大而增大。

4）SVM 预测模型的 R_T、R_P 分别为 0.9837、0.9941，其 $RMSE_T$、$RMSE_P$ 分别为 0.9317%、0.6046%，其 RPD 为 9.3271。

5）RFR 预测模型的 R_T、R_P 分别为 0.9831、0.9791，其 $RMSE_T$、$RMSE_P$ 分别为 0.9669%、1.0787%，其 RPD 为 4.9144。

6）在所用的 SVM、RFR 预测模型中，两个模型均能很好地定量预测玉米籽粒的含水率，但 RFR 预测模型在高含水率时预测易出现误差，且其剩余预测偏差小于 SVM 预测模型的该值，因此选用 SVM 预测模型为含水率预测模型。

第 5 章　作物含水率测量系统的设计

5.1　作物含水率测量电路的组成

设计的谷物含水率测量电路的总体框图如图 5-1 所示。作物含水率测量电路主要由 STM32F407 单片机、电容－频率转换器电路、整数分频器电路、称重传感器变送电路、温度传感器变送电路、显示模块、通信电路和电源模块等组成。STM32F407 单片机产自意法半导体公司，功能丰富且功耗低，具有强大的定时器系统和高精度 ADC，十分适合本测量电路的设计要求；显示模块选用 TFT（薄膜晶体管）液晶触摸显示器，方便显示详细的参数；通信模块采用的是 TTL（晶体管－晶体管逻辑电路）转 RS485 电路，使传感器可通过 RS485 与上位机建立连接传输数据，将采集的数据发送到上位机中进行整合、计算。

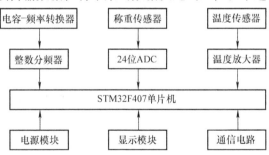

图 5-1　作物含水率测量电路的总体框图

5.2　作物含水率测量电路的设计

该作物含水率测量电路根据被测作物充当电容器电介质时其介电常数与被测作物含水率呈正相关关系的原理设计。但在工程上，直接对作物样品介质的介电常数进行测量是不易且高成本的。本电路通过设计一电极容器，将介电常数的测量转换为对电极容器极间电容的测量，可以大幅度降低复杂度。

通常我们将电极容器内的介质抽象为图 5-2 所示的电路进行分析。作物间隙内的空气在电场激励下其特性可以被抽象为间隙电容 C_{gap} 与间隙电导 R_{gap} 的并联电路；作物籽粒则可以被抽象为随含水率变化的可变电容 C_x、杂散电容 C_p 与作物电导 R_k 构成的并联电路。通过该模型，我们可以将作物介电常数的测量转化为对极间等效电容的测量。在该模型中空气隙形成的电容 C_{gap} 也不可忽视，空气隙的大小与作物籽粒个体的形状密切相关。在农业生产中，常通过容重这一参数来表征粮食籽粒外形的饱满程度，以对粮食品质定等，其本质是作物在单位体积下的重量（即可把容重视同密度）。由此可见，引入容重参数修正测量得到的电容值（或介电常数值）对提高测量精度是可行的。

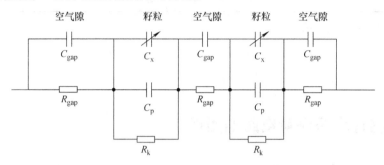

图 5-2　电极容器内介质的等效电路

测量电容通常使用充放电法、射频电流－电压法、自动平衡电桥法、谐振法、交流放大器法等。其中，充放电法适合低频或静介电常数的测量；射频电流－电压法和自动平衡电桥法可在极高频率范围上进行测量，但电路复杂度较高且调整困难；谐振法没有前者的高精度，但电路简单可靠且响应速度快。考虑到电路可靠性和稳定性的要求，本电路选用谐振法进行电容测量，即将被测电容器与固定电感器接成 LC 振荡电路，通过测量振荡电路输出的 LC 电路固有的谐振频率反推出被测电容器的电容。这种测量方法具有较高的响应速度，且结构简单便于集成进其他系统内使用。

5.2.1　作物含水率测量电极装置的设计

作物含水率测量电极装置的结构如图 5-3 所示。该传感器主要由同心圆筒电极、温度传感器、应变式称重传感器和基座等部分组成。圆筒电极材料选用壁厚为 2mm 的无缝铝合金管，用 CNC（计算机数控）加工中心加工制成。圆筒内电极的直径为 50mm，圆筒外电极的直径为 84mm，两者同心安装，其间隙内用于填充被测物质。圆筒内电极的高度为 85mm，圆筒外电极的高度为 110mm，通过增大内外电极的高度差可以减小同心圆筒电容的边界效应造成的影响。

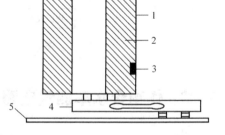

图 5-3　作物含水率测量电极装置的结构
1—同心圆筒电极　2—样品空腔　3—温度传感器　4—应变式称重传感器　5—基座

温度传感器选用德国贺利氏 A 级薄膜铂热电阻，通过圆筒外电极上一小孔插入容器，引线被聚四氟乙烯薄膜缠绕后穿入一个聚四氟乙烯套管并固定。该铂热电阻的测量范围为 $-200 \sim 850℃$，允许偏差（℃）为 $\pm (0.15 + 0.002|t|)$（t 为所测物的温度），具有抗震动、精度高的特点，通过 3 线测量法可以获得容器内部被测物的精确温度。称重传感器采用的是 LCS－D1 桥式

应变压力传感器，安装在容器底部，量程为 0~3kg，产自上海天贺自动化仪表有限公司，该传感器的灵敏度为（2.0±0.2）mV/V。

5.2.2　电容–频率转换器的设计

电容–频率转换器为含水率测量电路的核心部分，它可以完成电极装置测得的极间电容到频率的转换。该转换器以考比次（Colpitts）振荡器为基础设计了一种输出频率受电极间电容控制的 LC 甚高频变频振荡器，其结构简图如图 5-4 所示。其中，C_1 表示被测电容器与配置电容器接成的可变分压电容器网络；C_2 表示固定分压电容器；C_3 表示隔直电容器，其电容为 1nF 且远大于 C_1 和 C_2 的电器，在这里起隔直作用，可防止电感器的接入对 MOSFET（金属–氧化物–半导体场效应晶体管）偏置电路造成影响；L_1 为谐振电感器；V_1 为场效应晶体管。

振荡器的振荡频率被设置在 46~51MHz 范围内且受 C_1 控制。C_1 配置了该振荡器的工作区间，防止由于电极容器空载或内部电介质介电常数过高，引起振荡器工作不正常的情况出现。C_1 的具体参数如图 5-5 所示。C_6（C_x）为被测电极容器的等效电容器；C_4（25pF）为串联保安电容器，它用于限制电路的最低工作频率；C_5（15pF）为并联保安电容器，它用于在电极容器空载时限制电路的最高工作频率。C_4 和 C_5 共同保证振荡器在设定的工作频率内正常工作。

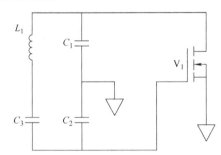
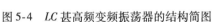
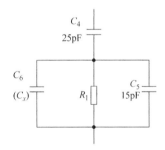

图 5-4　LC 甚高频变频振荡器的结构简图　　图 5-5　可变分压电容器网络（C_1）示意图

电容–频率转换器的完整电路如图 5-6 所示。MOSFET V_1 及其外围构成 Colpitts 振荡器，完成电容–频率转换功能，得到的频率经 C_5 耦合到 MOSFET V_2 及其外围构成的共漏极放大器进行放大，电极间电容被该电路转换为对应频率的正弦信号输出，再被后续电路处理。

电容与频率的转换可通过式（5-3）计算。

$$C_V = \frac{C_5(C_6 + C_9)}{C_5 + C_9 + C_6} \tag{5-1}$$

式中，C_V 是可变电容器网络的总电容（F）；C_5 是串联保安电容器的电容（F）；C_6 是待测电容器的电容（F）；C_9 是并联保安电容器的电容（F）。

$$C_T = \frac{C_V C_4}{C_V + C_4} \tag{5-2}$$

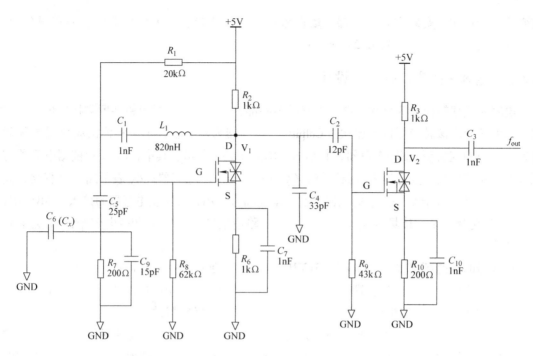

图5-6 电容–频率转换器的完整电路

式中，C_T是谐振电容器网络的总电容（F）；C_V是可变电容器网络的总电容（F）；C_4是待测电容器的电容（F）。

$$f_{out} = \frac{1}{2\pi \sqrt{L_1 C_T}}$$ (5-3)

式中，f_{out}是变换器的输出频率（Hz）；L_1是谐振电感器的电感（H）；C_T是谐振电容器网络的总电容（F）。

5.2.3 整数分频器的设计

电容–频率转换器的输出频率在46~51MHz范围内，普通单片机难以有效处理这一甚高频频段的信号，需要对信号进行变频或分频后再送入单片机测量。使用数字整数分频器将其高频信号进行分频后再送入单片机处理，比使用变频方式占用PCB（印制电路板）面积小、成本低、可靠性好，适合本电路的设计。UPB1509是日本NEC开发的一款1GHz带宽的数字可编程分频芯片，通过配置SW1和SW2引脚电平可配置其成为1/2、1/4、1/8分频器。图5-7是基于UPB1509的可编程整数分频器的电路原理图。通过级联2个配置为1/8和1/4的芯片可得到1/32数字整数分频器。使用得到的1/32数字整数分频器将电容–频率转换器的甚高频信号分频至1.4MHz左右，此时符合奈奎斯特采样定理，单片机可对信号进行准确的频率测量。

5.2.4 温度变送器电路的设计

使用3线桥式测量法的Pt100铂热电阻温度传感器与AD623精密仪表放大器构成温度变

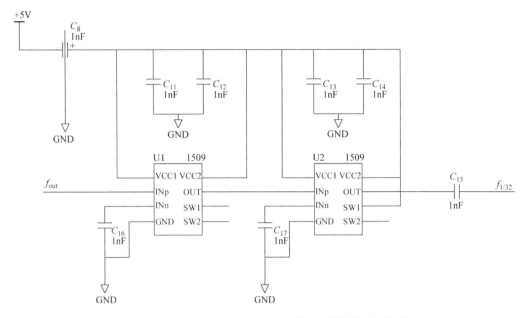

图 5-7　基于 UPB1509 的可编程整数分频器的电路原理图

送器电路，温度变送器输出的直流信号被送入 STM32F407 单片机的 ADC 转换成数字量参与运算，完成谷物含水率测量过程中的温度补正任务。温度变送器电路的原理图如图 5-8 所示。

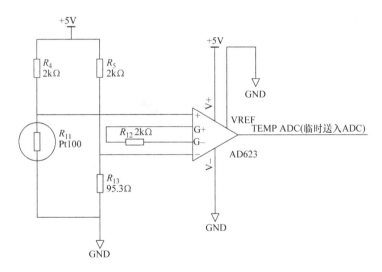

图 5-8　温度变送器电路的原理图

5.2.5　称重传感器变送电路的设计

称重传感器是一种使用应变电阻构成的桥式电路，其受力后电桥输出端会产生不平衡电压，将该电压放大并送入高精度 ADC 转换即可得到重量、压力的数字量。由于不平衡电压十分微弱，任何微小的噪声都会干扰系统，影响精度。为了保证拥有最高的测量精度，选用了 HX711 称重变送器，其电路原理图如图 5-9 所示。HX711 是一款集成 PGA（引脚阵列封装）的可编程 24 位 $\Sigma - \Delta$ 型 ADC，使用串行总线将数据输出到 STM32F407 单片机中。

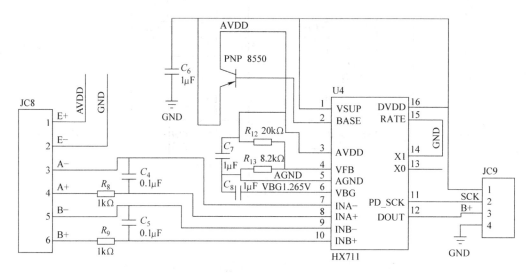

图 5-9　称重变送器的电路原理图

5.2.6　显示模块

谷物含水率测量电路的显示界面为一 TFT – LCD 触摸显示器，通过图 5-10 所示的接口与之通信。显示模块可以显示测量工作中产生的数据，如重量信息、含水率信息等（见图 5-11），并可以通过 I^2C 触摸屏修改校准参数等，实现通用的用户校准功能（见图 5-12）。

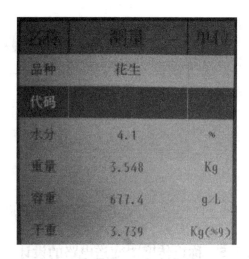

图 5-10　显示模块接口电路原理图　　　　图 5-11　TFT – LCD 显示的内容

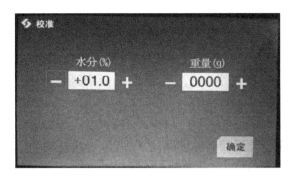

图 5-12　传感器的校准功能

5.3　射频阻抗分析仪的硬件设计

5.3.1　射频阻抗分析仪板卡架构的设计

传感器的射频混合信号系统是由进行射频信号发生、测量、放大、采样的模拟电路部分和进行数字信号处理及接口通信的数字电路部分构成的，故设计了图 5-13 所示的模拟电路系统和图 5-14 所示的数字电路系统。

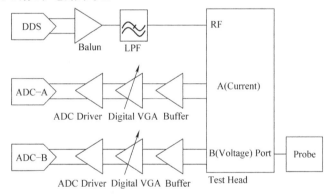

图 5-13　射频模拟电路系统的框图

首先，AD9951 频率合成芯片（DDS）与固态巴伦电路（Balun）和重构滤波器（Reconstruction Filter，就是图 5-13 中的 LPF）构成射频发射机电路。发射机电路向测试头（Test Head）电路提供可变频可变幅度的射频能量。经测试头电路转换的探头（Probe）端口阻抗会以射频电压的形式从端口 A、B 输出，其中 A 端口输出与流入探头端口电流有关的射频电压，B 端口输出与探头端口上电压有关的射频电压。

然后，A、B 端口输出的信号分别通过各自的端口输入缓冲放大器（Buffer）、数控可变增益放大器（Digital VGA）和 ADC 驱动器（ADC Driver）进入 LTC2296 ADC 中。LTC2296 有两个可独立工作的 14 位 25MS/s 高速 ADC 内核，每个内核均有独立的模拟保持器。电路中的 DDS 和 ADC（包括 ADC – A 通道和 ADC – B 通道）的数字引脚均连接到 Xilinx Artix – 7 XC7A35T – FTG256 型 FPGA 芯片的通用引脚上，受到控制逻辑的控制，完成受控信号的模拟化和数字化任务。

下面进入数字域。图 5-14 展示了数字信号的连接方式和 FPGA 的内部功能框图，其中较大的粗实线框为 XC7A35T - FTG256 型 FPGA。FPGA 的大部分资源用于生成一个主频为 100MHz 的 32 位 MicroBlaze 软核处理器，该处理器上运行系统的主要程序实现对测量系统硬件的控制和管理。发射机的 DDS 由 FPGA 内部的 Sweep REG（扫频寄存器）控制，通过 AXI（Advanced extensible Interface，先进可扩展接口）设置寄存器的起始频率、步进值、结束频率，将数据包经 SPI（串行外设接口）总线送入 DDS。接收机 LTC2296 的两个 ADC 是通过 14 位并行总线复用的，在时钟的上升沿输出 A 通道数据，下降沿输出 B 通道数据。因此，FPGA 在读取 ADC 的数据总线时需要使用一个双倍数据速率 MUX（复用器）和数据保持器以便分离并对齐数据到 FPGA 的逻辑主时钟上。分离的通道数据会被送入 DDC（Digital Down Conversation，数字下变频）模块进行 IQ（正交）解调，将频谱从数字中频（IF）信号搬移到正交的模拟信号。Clock Control（时钟控制）模块会管理全 FPGA 上所有频率参考时钟的分配，并提供外部芯片的参考时钟，以便全 PCB 所有时序器件遵循相同的时间基准。

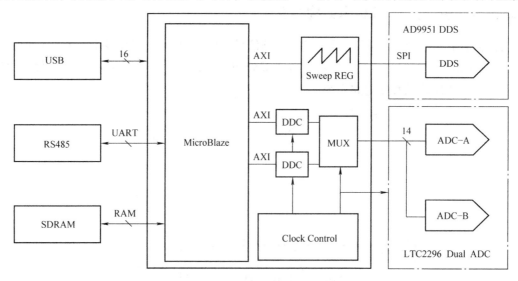

图 5-14　数字电路系统

5.3.2　阻抗测试头

图 5-15 是用以测量探头阻抗的阻抗测试头的电路原理图。测试头由隔直电容器和纯电阻网络构成。$X_1 \sim X_5$ 是 3.5mm（SMA 接口）RF 连接器，与射频主板相连；X_6 是 N 型 RF 连接器，与介电测量探头相连。电阻 R_1、R_7、R_8、R_9 构成电流测量电阻网络，串联在介电探头连接端口（PORT_DUT）中；电阻 R_2、R_3、R_4、R_5、R_6 构成电压测量电阻网络，并联在探头端口的两端。

电流和电压测量电阻网络的设计基于 Π 形衰减器的有耗匹配思想。图 5-16a 所示是一个简单的单端 Π 形衰减器，两个 Π 形衰减器在一起差分工作时如图 5-16b 所示，两个衰减器可以等效成一个电阻网络（见图 5-16c）。

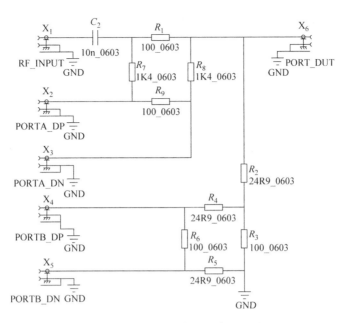

图 5-15　阻抗测试头的电路原理图

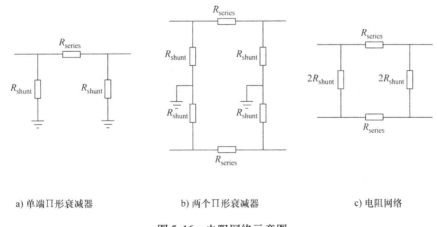

a) 单端 ∏ 形衰减器　　　　　　　b) 两个 ∏ 形衰减器　　　　　　　c) 电阻网络

图 5-16　电阻网络示意图

对于每一个单臂，串联电阻和分流电阻的计算遵循式（5-4）和式（5-5）。

$$R_{series} = Z_0 \frac{N^2 - 1}{2N} \tag{5-4}$$

$$R_{shunt} = Z_0 \frac{N + 1}{N - 1} \tag{5-5}$$

式中，R_{series} 是衰减器的串联电阻（Ω）；R_{shunt} 是衰减器的分流电阻（Ω）；Z_0 是系统的特征阻抗（Ω）；N 是衰减系数。

5.3.3　矢量射频收发器的设计

1. 射频前端

射频前端由三个全差分放大器组成，分别是输入缓冲放大器 AD8351ARM、数控可变增益放大器 AD8369ARUZ 和 ADC 驱动器 AD8351ARM。射频前端共有两个通道，由于采用通用性设计，两个通道除了信号 Off – sheet（跨页）连接符的编号不同外，其他参数完全相同。

输入缓冲放大器的电路原理图如图 5-17 所示。它可完成输入信号的隔离与预放大工作，输入级的预放大会抵消一部分因为前级宽带阻抗匹配而丢失的动态范围。输入的差分阻抗为 100Ω，通过 R_{11} 与 R_{10} 分流到参考地。由于 AD8351 ARM 自带内部 DC（直流）偏置，所以输入通过电容器耦合到芯片。其缓冲增益通过电阻 R_9 确定。

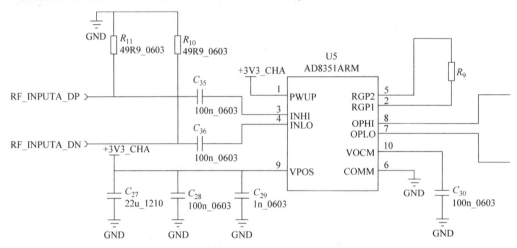

图 5-17 输入缓冲放大器的电路原理图

数控可变增益放大器 AD8369ARUZ 的作用是控制 RF 接收机通道的总增益，使进入 ADC 的信号幅度不致过低，以免浪费信号在低幅值时的测量精度，扩大了 RF 接收机的动态范围，使 RF 接收机能接收到更宽范围的信号，也就能测量更宽范围的阻抗，即有了更高的介电常数量程和精度。

数控可变增益放大器的电路原理图如图 5-18 所示。其中，C_{40}、C_{41} 和 C_{42}、C_{43} 是隔离 R_{14}、R_{15}、R_{18} 两边 DC 偏置的隔直电容器，以防止 DC 偏置进入电阻网络造成芯片功耗过大，也避免前后级间相互干扰。C_{50}、C_{51} 是与下一级级间耦合的电容器。

由于使用的 LTC2296 双通道 ADC 使用了电容式模拟信号保持器，普通的全差分放大器驱动负载电容时会有不稳定现象发生，因此图 5-19 所示的 ADC 驱动器需要耦合上级的 200Ω 输出阻抗并通过 50Ω 的差分阻抗驱动 ADC 信号输入端。ADC 驱动器使用了较低的增益（接近 0dB）以防止 ADC 过载，同时又避免了在单位增益附近时可能发生的放大器工作不稳定现象。VOCM 引脚向 ADC 提供了放大器的 DC 偏置，以防偏置冲突形成电流环流。

2. LTC2296 双通道采样 ADC

RF 信号经过射频前端的处理后，由 ADC 驱动器驱动 LTC2296 的输入引脚开始 RF 的数字化工作。在进入 LTC2296 之前，A、B 信号需要分别经过由 R_{30}、R_{32}、C_{98} 和 R_{35}、R_{36}、C_{99} 构成的 RC 抗混叠滤波器（见图 5-20），其 $-3dB$ 点为 $265\mathrm{MHz}$，可见已降低了带外噪声、谐波或频率镜像造成的 RF 频谱混叠现象。

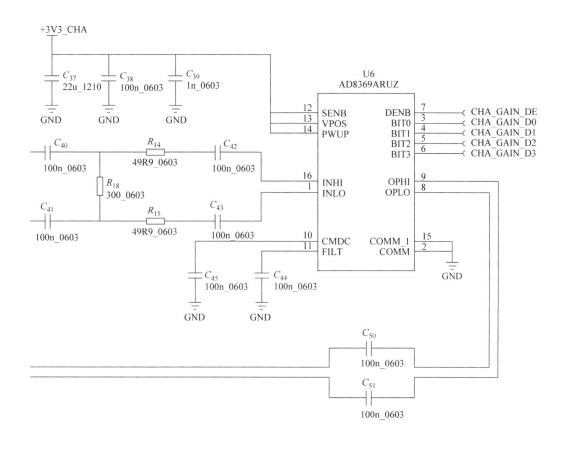

图 5-18　数控可变增益放大器的电路原理图

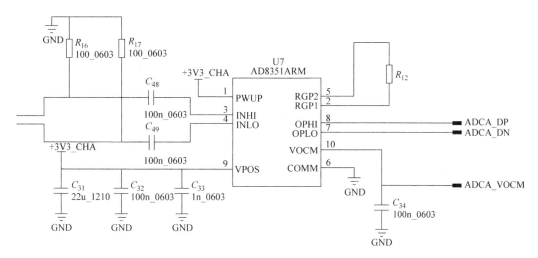

图 5-19　ADC 驱动器的电路原理图

　　带内信号会通过 LTC2296 内部的两个同步采样 ADC 在共同时钟的驱动下，采样为 14 位数字信号并通过并行 LVCMOS 电平的输出接口输出。14 位输出 D0 ~ D13 的数字总线线束是很宽的，如果两个 ADC 都通过这种方式输出信号就需要占用 28 条数据线。本设计中将

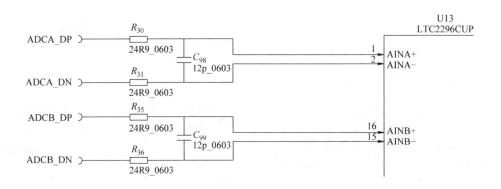

图 5-20　*RC* 抗混叠滤波器的电路原理图

MUX（引脚名）复用接口与 ADC 的驱动时钟相连，形成了一种类似于 DDR（双倍数据速率）时序的 ADC 多路复用总线，其输出时序如图 5-21 所示。

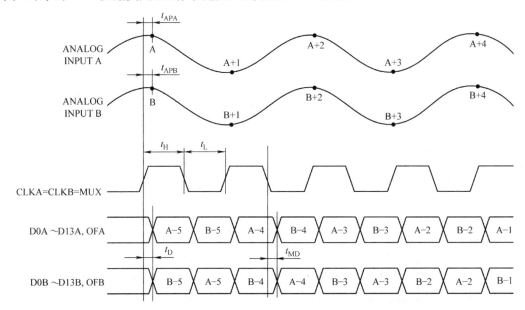

图 5-21　ADC 复用的输出时序

在 ADC 时钟的上升沿两个通道的 ADC 内核同时完成采样，在时钟的上升沿将 A 通道数据推到总线上输出，在时钟的下降沿将 B 通道的数据推到总线上输出，这样就能在一个时钟周期内从复用总线上获取两个 ADC 内核的数据。到达 FPGA 内部后，MUX（模块名）会通过两组 D 锁存器锁存当前周期的信号，并在下一个周期的上升沿将数据重新分离为两个独立通道的数据交给 DDC 模块进行数字下变频和 IQ 解调。

利用这种节省布线空间的设计可以进一步压缩 PCB 所需的空间，降低单板的面积。

3. AD9951 捷变频发射机

AD9951 捷变频发射机包含了频率合成器、配套的缓冲器与滤波器两部分。下面将分别介绍这两个电路的主要功能。

AD9951 是由 ADI 开发的一种 400MS/s 的 14 位数字直接频率合成器芯片。根据奈奎斯特采样定理其理论最高输出频率为 200MHz，受其内部带宽限制实际可输出频率为 180MHz 的正弦波信号。它主要被设计作为频移键控信号、相移键控信号等键控信号的直接合成芯片，发射机的直接合成器或接收机的本机振荡器可在需要时替代有源晶体振荡器或者 VC – TCXO（压控 – 温度补偿晶体振荡器）。它的内部结构如图 5-22 所示。

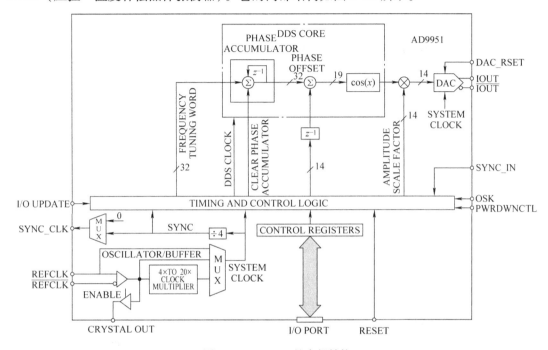

图 5-22 AD9951 的内部结构

本设计中的频率合成器是利用了其单音（Single Tone，即单频率点）工作模式设计的捷变频发射机频率合成器。FPGA 将插值出的扫描频率列表通过芯片的 SPI 顺序送入芯片的频率调谐字（图 5-22 中的 FREQUENCY TUNING WORD 信号），以改变芯片的输出频率。同时，FPGA 的 AGC（自动增益控制）控制器会同时协调 DGA（数控增益放大器）和幅度比例因子（图 5-22 中的 AMPLITUDE SCALE FACTOR 信号）控制发射机的输出功率以稳定探头的电场强度和接收机的动态范围。

AD9951 的外围电路较为简单，根据其数据手册的描述进行设计即可。不过在布线的过程中，由于 AD9951 是混合信号器件，需要特别注意 AD9951 的模拟核心电流环流路径和数字小电流回流途径上的地平面完整性，并且需要妥善处理数字小电流的退耦电容器的位置，避免数字噪声进入射频模拟平面。

AD9951 输出驱动器的输出信号为差分电流信号，需要转换成发射机最终输出的单端电压信号。因为本设计中为了保证单板的可靠性和抗干扰能力，避免在信号上使用磁性元件，所以 AD9951 的输出经电阻偏置电流 – 电压转换后，接入了一个差分放大器来缓冲 DDS DAC 的输出信号。OPA354 是一个 250MHz 带宽的高速轨到轨电压运算放大器，其电路原理图如图 5-23 所示，电路接成单位增益缓冲模式。由于 OPA354 工作在单电源状态，输入信号经电容器耦合后通过分压器 R_{46} 和 R_{47} 注入直流偏置。放大器的输出衰减器用于有耗阻抗匹配，在本设计中未启用，仅通过 R_{48} 提供源端匹配以降低发射机的电磁干扰（EMI）。

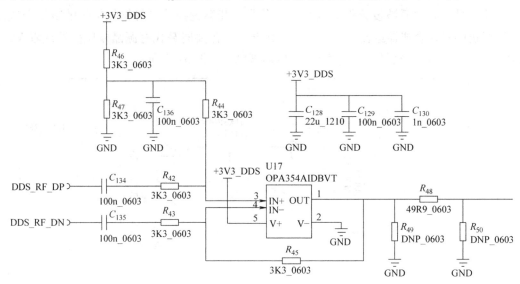

图 5-23　OPA354 的电路原理图

经过缓冲变为单端信号后的射频信号还不能直接注入电路。因为 DDS 芯片并不是通过输出连续 AM（幅度调制）点的方式工作的，所以输出信号中存在频率周期性的频谱谐波，其时域信号可以参照图 5-24，如果直接注入后续电路会污染信号，降低信号质量和接收机动态范围。这需要在发射前先通过一个重构滤波器（通常是一个低通滤波器），将信号重构为正弦波单音信号后输出。在 Keysight 高级设计系统（ADS）的辅助下设计了图 5-25 所示的椭圆低通滤波器，它具有极高的滚降速度，可以快速抑制带外频率。

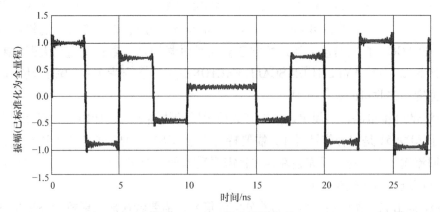

图 5-24　DDS 输出时域信号

5.3.4　数字信号处理单元

1. Xilinx FPGA 及其外围

Xilinx 公司是 FPGA 的设计、生产巨头，本设计使用了 Xilinx 公司的 Artix-7 系列 FPGA

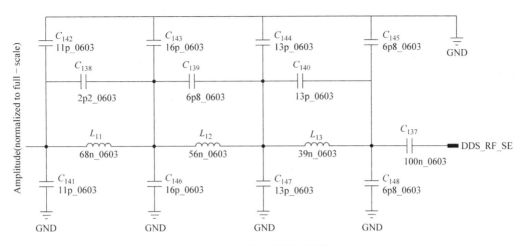

图 5-25　椭圆低通滤波器

产品 XC7A35T – FTG 256 芯片作为高速逻辑的载体芯片，配合 Xilinx Vivado 软件可以进行嵌入式 SoC（System on Chip，片上系统）开发。

FPGA 的电源轨体系和配置如下：芯片采用 3.3V VCCIO 供电以兼容 3.3V LVCMOS 器件；1.8V 的 VCCAUX 外设片上供电；1.0V 的 VCCINT 核心供电。为保证芯片具有良好的电源完整性，在 FPGA 的供电体系中使用了共 38 颗 X7R 电介质的 470nF 和 4.7μF 陶瓷电容器作为每个 BANK（电源块）的高频旁路和退耦电容器，同时在每个 BANK 的供电导入途径上放置 4 颗 100μF 钽电解电容器作为区域电源的退耦电容器，降低开关电源到芯片这条输出路径上的 ESL（等效串联电感）和 ESR（等效串联电阻）影响。

FPGA 芯片的 IO BANK 连接关系如下：BANK0 的连线主要为 FPGA 的初始化和调试接口；BANK14、BANK15 主要为板卡通信和 SDRAM（同步动态随机存储器）；BANK34 和 BANK35 则分别连接到采样系统和频率合成器。

FPGA 的外部存储器包括 Flash（闪存）、SDRAM。内存选择 SDRAM 而不是性能更好的 DDR DRAM（双倍数据速率动态随机存储器）的原因是可以节约一个用于 DDR 的 2.5V 电压轨，且此处的内存总线频率为 100MHz，读写压力较低，从性能、成本方面考量 SDRAM 在设计上较 DDR DRAM 芯片更适合。

2. 板卡的高速和低速通信接口

传感器射频板卡与外界的通信接口有高速接口和低速接口两种。高速接口面向实验室等场合，具有高速率和灵活的配置方式。低速接口面向工业场合，具有高可靠性和接入现场总线的便利性。

基于高速 USB 的高速接口是传感器连接计算机作为单机工作模式或调试时的高速通信接口。USB 主要实现在实验室校准和精度验证的功能。计算机通过 USB 向设备发送校准指令和参数、计算机通过 USB 实时显示传感器的设备工作状态是 USB 的主要任务。接口模块基于 FTDI 公司的 FT2232D 双 USB FIFO（先入先出）物理层芯片，对芯片经过重新编程可以更改 FT2232D 内部两个 FIFO 组的功能。在本设计中 A 组被配置为 USB – JTAG 接口界面，经过 22Ω 的隔离电阻器连接至 FPGA 的 JTAG 引脚，以实现在 USB 上的 FPGA 固件更新等调试任务。B 组被配置为 USB – FIFO 接口界面，通过并行总线连接至 FPGA 的 FIFO 通信内核，FPGA 会通过这一条路径将内部数据发送至 USB 所连接的计算机。

基于 RS485 的 Modbus 总线是传感器的低速接口，其电路原理图如图 5-26 所示。物理层上为波特率为 9600bit/s 的 RS485 半双工总线，具有 8 数据位、1 停止位、1 奇偶校验位，使用 TI（德州仪器）公司的 SN65HVD1780DR RS485 收发器芯片，该芯片能承受 70V 总线电压并且具有完善的故障停机保护机制，差分对上配置 TVS（瞬态电压抑制）二极管可以将电压钳位在 – 0.7 ~ 6.8V 之间，以避免从总线上袭来的高压伤害内部电路。

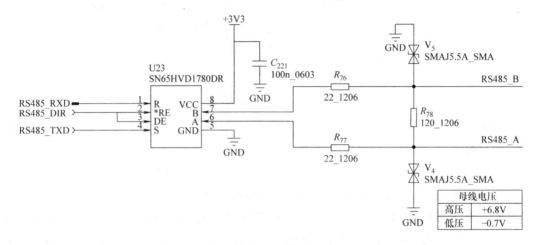

图 5-26　Modbus 总线的电路原理图

Modbus 总线上的数据依照 Modbus – RTU 协议进行收发，其功能码仅有读取传感器、配置传感器扫描频率范围可用，总线功能上较 USB 高速总线弱。该低速总线主要是为具体的工业应用而存在的，故没有向其开放可能造成误操作而使传感器失效的校准命令和自动增益控制命令。

5.3.5　电源树及电源系统

传感器阻抗分析板卡的电源轨数量较多且较为分散，而且 FPGA 等高速数字器件的电压低、电流大，对电源设计有着较高的要求。数字器件电源的电流需求较大（1 ~ 2A）且兼顾高效率，以 Buck（降压式变换）电路为主。模拟电路对噪声电平要求较高，且每路负载取用电流相对较低（<50mA），又同时需要保证一定的变换效率，故其电源先用 Buck 电路将主电源槽路降至较低中间电压，然后用 LDO（低压差线性稳压器）稳压至需求电压，最后通过低通电源滤波器滤除 Buck 电路的开关噪声。根据上述需求可以绘制出阻抗分析板卡的电源树（Power Tree），如图 5-27 所示，根据电源树可以估计出每路电压轨上的负载情况和效率。

数字电源轨因电流较大而使用了星形拓扑布局，插入板卡的 12V 主电源经三路 TPS563208DDCR 开关稳压芯片直接降压至各低压电源轨电压，输出到各引脚附近。TPS563208DDCR 的电路通过 TI 公司的 WEBENCH 在线设计软件完成电路设计。

模拟电源轨的生成稍微复杂一些。最后一路 TPS563208DDCR 将主电源降压至 3.6V 模

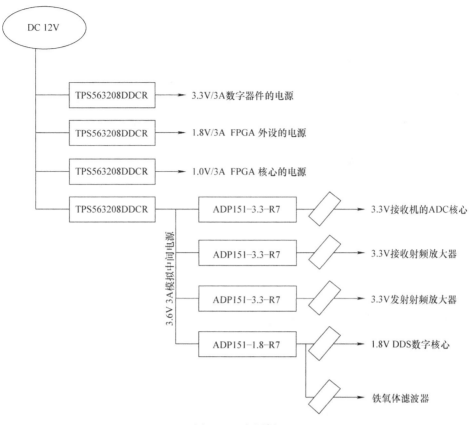

图 5-27　电源树

拟中间电压后,由 ADP151 系列 3.3V、1.8V 固定输出 LDO 芯片降压至模拟器件的电源轨电压。由于 ADP151 在应对 100kHz 分量时的标称 PSRR(电源抑制比)为 55dB,前级 TPS563208DDCR 的工作频率为 580kHz 且奇次谐波分量丰富,ADP151 在频率为 580kHz 时其 PSRR 为 50dB 且随频率的升高显示出下降趋势。因此,单独使用 ADP151 时对开关电源噪声的抑制能力是不足的,于是设计模拟电源时在 ADP151 之后增加了一个 LC 电源滤波器,如图 5-28 所示。L_5 实际上是于 100MHz 时具有 220Ω 阻抗的铁氧体磁珠,同时对地并联两颗 X7R 电介质的 1μF 陶瓷电容器。该电源滤波器对高频噪声和射频噪声具有显著的衰减作用,可将总体 PSRR 补偿至 95dB,满足模拟器件的电源完整性需求。在对 DDS 数字核心供电的通路中,该电源滤波器还起到了隔离数字内核与模拟内核的功能,防止电源间发生数字噪声的泄漏。

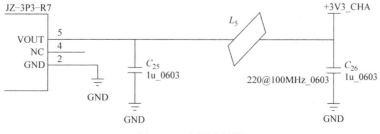

图 5-28　电源滤波器

5.3.6 印制电路板的设计

在射频和高速电路设计中，PCB 的生产制造规格直接影响电路的最终性能，性能影响表现在波导的特征阻抗发生改变，线间发生串扰导致波形失真或频率泄漏到其他元器件，易发生数字噪声冲击和地弹等现象。因此，需要对单板上波导传输线的特征阻抗进行精确控制并合理划分元器件布局和参考平面，来保证单板对信号完整性的需求。

5.4 含水率测量单元的软件设计

5.4.1 主程序的设计

水分测定仪的主程序主要包括显示、初始化、温度采集和通信等部分。初始化管理是指实现对 μC/OS – Ⅱ（Micro Controller OS Two）、称重部分、显示屏等部分的设定。通电后仪器进入开机画面，系统采集测量空桶时的频率值、温度值并将其送入液晶屏显示。然后将玉米籽粒倒入测量桶中，测量玉米籽粒满桶时的频率、重量和温度值，送入到液晶屏上显示。测量结束将测量得到的数据发送到计算机，之后对检测数据进行分析。一个测量过程结束后返回到初始状态，继续接下来的检测过程。主程序的流程图如图 5-29 所示。

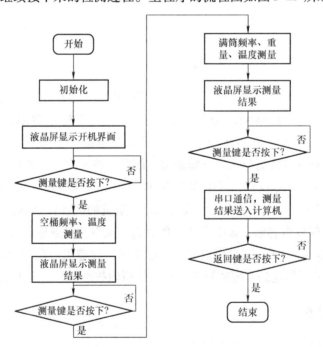

图 5-29　主程序的流程图

5.4.2 阻抗测量子程序的设计

阻抗测量子程序的流程图如图 5-30 所示。水分测定仪通电后，各部分进行初始化，当测量开始后，信号激励源产生 120MHz 的交流电压信号，ADG918 射频开关交替切换至 Ich、Vch 进行 ADC 采样，采样信号经过混频和下变频后，通过单片机 I/O 发送给 MKV46 单片机进行 A/D 转换和快速傅里叶变换（FFT），完成变换后，读取内存中暂存的复电流、复电压，计算得到复阻抗，对测得的阻抗进行校准，得到真实的阻抗值 Z_{dut}，由阻抗值 Z_{dut} 计算得到介电常数 ε'。

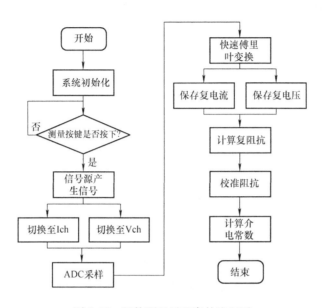

图 5-30　阻抗测量子程序的流程图

5.4.3　温度测量子程序的设计

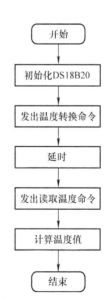

温度测量子程序主要是实现对 DS18B20 转换的控制，其下又包含了初始化 DS18B20、读 DS18B20 和写 DS18B20 这 3 个子程序。温度测量子程序的流程图如图 5-31 所示。

初始化子程序：初始化在每次测量前都要完成，然后检测器件有没有挂在总线上。先高后低再高的信息由单片机在 DQ 上给出时，DQ 拉低，该过程通过延时等待来实现。若拉低了，就说明挂在线上的包括 DS18B20；若没有拉低，就说明总线上没有该器件。

读 DS18B20 子程序：此程序运行时，复位脉冲由单片机在线上发出，延时后对 DQ 置位，释放总线。对所读字节数、位数和读取后的存放地址进行设置，给出一系列应答后，将数据指令传递到寄存器并存储到相应的地址。

写 DS18B20 子程序：要写的数据在寄存器中，在 DQ 总线上的单片机发出复位脉冲后，逐位循环右移向 DQ 上写位数据，完成后置位 DQ 表明 1 个字节的数的写完成。

图 5-31　温度测量子
程序的流程图

5.4.4 频率测量子程序的设计

用 STM32 F407 单片机的定时器模块 TIM 实时进行脉冲捕捉来采集频率。使用软件定时器 tmr1 的回调函数，读定时器 TIM2 的脉冲数赋值给变量 CNT_ Value，然后清零。每 10ms 执行一次，用于显示频率。部分程序代码如下：

```
void tmr1_ callback（OS_ TMR ∗ ptmr，void ∗ p_ arg)
{
    CNT_ Value = TIM2 − > CNT；
    TIM2 − > CNT = 0；
}
```

5.4.5 重量测量子程序的设计

HX711 模块初始化后，接收读取称重传感器的信号，再将此模拟信号转换得到数字信号，通过 HX711 芯片的时序规则获取重量并输出显示。重量测量子程序的流程图如图 5-32 所示。

5.4.6 串口通信子程序的设计

串口通信子程序完成的功能是由 STM32 F407 接收数据，然后发送到计算机。串口通信这部分程序大体上包含两个函数，分别是初始化与发送字符。初始化函数主要在两个方面实现其功能，一是串口的工作方式设定，二是波特率的传输；而发送字符函数的作用则是传送数据。串口通信子程序的流程图如图 5-33 所示。

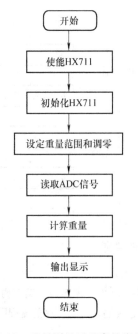

图 5-32　重量测量子程序的流程图

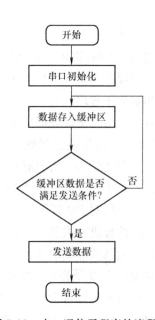

图 5-33　串口通信子程序的流程图

5.5　本章小结

本章设计了一种工作于射频段的花生电容 – 频率转换器，以实现对极间电容的测量，进而通过电容值计算花生样品的含水率。首先，围绕电容 – 频率转换器设计了整数分频器电路、温度变送器电路、称重传感器变送电路、显示电路等，以实现含水率的自动测量。然后，根据测量数据的变化特性，设计了程序控制流程，并以此编写 STM32 F407 单片机的程序。此外，还详细介绍了阻抗分析仪板卡的设计过程，分别展示了阻抗测试头组件、矢量射频收发器和数字信号处理单元的电路原理图，阐述了各组件中元器件、模块的工作原理，就射频、高速板卡设计中常见的信号完整性问题和电源完整性问题进行了说明并给出了解决方案。最后，介绍了作物水分测定仪软件系统主程序的流程图，并完成了阻抗测量子程序和温度测量子程序等的设计。

第6章 水分传感器的性能评估及误差分析

6.1 水分传感器对花生含水率的适用性检测

6.1.1 水分测定仪对花生含水率检测的性能测试

水分测定仪的整体结构设计完成后,将采集数据建立的数学模型写入单片机。为测试该仪器的性能,在5%~19%范围内随机配制不同含水率的样品,用设计的水分测定仪对配制的样品进行检测,然后将检测结果与烘干法结果进行对比。表6-1为含水率测量值和烘干法参考值的比较。

表6-1 含水率测量值与烘干法参考值的比较

参考值(%)	测量值(%)	误差(%)
6.4	6.1	-0.3
7.6	7.2	-0.4
8.4	8.5	0.1
10.5	10.0	-0.5
11.4	11.5	0.1
12.6	12.7	0.1
13.4	13.2	-0.2
14.5	14.0	-0.5
15.4	16.1	0.7
16.3	15.9	-0.4
17.4	16.9	-0.5
18.2	17.6	-0.6
19.0	19.3	0.3

试验结果表明:在含水率5%~19%、温度10~40℃范围内,测量误差在±1%以内,满足设计要求。在建立数学模型时,只考虑了频率和温度的影响,未将容重拟合入模型,因此,若对容重再进行进一步试验研究,将容重的影响也进行消除,又会提高仪器的精度。

6.1.2 误差来源分析

试验过程中,误差根据其性质或产生的原因一般可以分为随机误差、系统误差和过失误差。

在一定的试验条件下进行试验研究时，随机误差按无法预知的规律变化。随机误差的出现具有一定的统计规律，很多情况下服从正态分布，通过多次试验得到的平均值产生的随机误差比单个试验值产生的随机误差要小，因此可以通过增加试验的次数，取多次试验结果的平均值来减小随机误差。随机误差的产生是由于试验过程中各种偶然因素造成的，例如外界环境温湿度的变化、试验仪器的微小振动、电压等的微小波动。由于这些无法人为控制，所以不能完全避免随机误差的产生。

在一定的试验条件进行试验研究时，由于某个或某些因素按照某一确定的规律起作用而产生的误差是系统误差。当试验条件确定后，这一误差是定值，不能通过多次试验的方法发现它，采取大量试验取平均值的方法也无法减小系统误差。系统误差的产生原因可能是试验方法或理论的不完善，也有可能是试验过程中的操作不当、试验仪器本身不够精确或试验操作者的个人操作习惯等。

过失误差是明显与事实不相符的误差，它没有特定的规律，主要是因为试验操作者的不仔细造成的，例如操作失误、读数据或记录数据错误等。在试验过程中更仔细些，过失误差是可以避免的。

通过对整个试验过程的分析，试验中的误差来源主要存在以下几方面：

（1）环境变化引起的误差　试验过程中，由于实际的环境条件与规定的环境条件不能从始至终完全一致，故温湿度不能完全满足测定的条件要求，会对测量结果产生一定的影响。

（2）传感器自身受外界影响及所用器件引起的误差　圆筒式传感器有较小的边缘效应，但是采集数据时传感器直接与外界接触，仍会受一定的边缘效应影响。电磁干扰或当人靠近传感器时，也会引起检测数据不稳定。每次测量时传感器产生的机械振动也会导致所测数据不稳定。此外，硬件系统所用的器件可能会由于外界环境的变化而受影响，而且有些器件长时间工作性能可能不够稳定，也会造成一定的误差。

（3）操作不当引起的误差　在试验过程中，由于粗心大意或是操作不当会导致一定的误差产生。例如在样品制备时，由于是人为操作晃动密封袋，可能不能完全使样品吸收水分后的含水率均匀，而测试时只是取样检测，因此使采集的数据存在偏差。在检测过程中，由于取样的数量不能保证一致，也会导致一定的误差。

（4）水分测定仪的标定不够精确引起的误差　对于花生这一样品来说，按籽粒大小分为大粒和小粒两个品种，因试验中所采集的数量有限，而且对环境温度的标定只是在 4 个温度下进行的，故无法保证其他温度下测量数据的准确性。仪器标定时采用的是 10 个含水率样品点，其他间隔点没有进行标定，因此数据拟合后的方程并不是绝对准确。所以，在进行预测试验检测时个别含水率点存在较大误差。

（5）数据处理引起的误差　含水率检测数学模型的建立一直是整个含水率检测过程中的关键问题。采集大量数据后的数据融合、如何处理数据并进行数据拟合来确定不同作物的最佳含水率测量模型是一个难点。本书采用多元回归分析法进行数据拟合，其准确性并不是最优的，这也是影响测量精度的一个方面。

6.2 水分传感器对玉米含水率的适用性检测

6.2.1 性能评估

1. 测量误差试验

测量准确度是水分传感器的重要参数之一。根据第 3 章所述的样品制备方法，为避免局部结果最优，对登海 605、克玉 16、瑞普 909、郑单 958、苏科玉 1409 五个玉米品种在含水率 11% ~30% 范围内随机配置 30 个不同含水率的样品，并在 -15 ~40℃范围内随机选择温度点进行试验。在试验过程中，使用聚氨酯保温材料包裹电路板，以减小温度对硬件电路的影响。实际的含水率由 GB/T 10362—2008《粮油检验 玉米水分测定》中规定的两次烘干法得到。在此之前，使用玉米籽粒水分测定仪采用自由落体的装载方式对每个样品进行测量，根据谷物含水率电子测量仪行业技术标准，以传感器的测量值与烘干法实际值之间的绝对误差为测量误差，试验结果见表 6-2。

表 6-2 玉米籽粒实际含水率与预测含水率的比较

温度/℃	实际值（%）	测量值（%）	绝对误差（%）	温度/℃	实际值（%）	测量值（%）	绝对误差（%）
-13.6	26.71	27.3	0.59	11.2	24.36	23.9	-0.46
-11.2	21.11	20.6	-0.51	14.8	16.37	16.6	-0.13
-10.1	22.26	22.7	0.44	20.0	23.93	24.2	0.27
-9.3	27.28	26.8	-0.48	20.5	13.41	13.2	-0.21
-8.4	15.35	15.1	-0.25	22.1	19.088	19.4	0.32
-7.2	11.36	11.1	-0.26	24.0	29.24	29.6	0.36
-6.6	24.74	24.3	-0.4	26.2	25.40	25.8	0.40
-4.3	23.34	23.7	0.36	27.7	17.18	17.5	0.32
-3.5	16.21	15.9	-0.31	28.4	24.60	24.9	0.30
0.3	17.07	17.5	0.43	30.1	21.03	20.9	-0.13
4.1	22.0	21.9	0.50	33.2	18.97	18.8	-0.17
5.6	22.75	23.1	0.35	35.2	22.18	22.6	0.42
6.6	14.14	14.2	0.07	35.6	17.08	17.3	0.22
7.1	15.58	15.5	-0.08	36.4	13.12	13.4	0.28
10.1	21.76	21.3	-0.46	36.7	24.85	24.4	-0.45

（1）**样本分布检验** 为检验所选取的样本是否符合某一特定分布满足统计要求，使用 SPSS 软件对样本进行 K - S（Kolmogorov - Smirnov）检验，它可以将一个变量的实际频数分布与指定的理论分布进行比较，其原假设 H_0 为样本与指定的理论分布无显著差异，备择假设 H_1 为样本与指定的理论分布存在显著差异。通过计算 K - S 的 Z 统计量和 K - S 分布表给出对应的相伴概率值，当相伴概率值（本检验中的渐进显著性双侧值）大于显著性水平时，则应接受原假设。对样本测量值的单样本 K - S 检验结果见表 6-3，Z 的值为 0.591，渐进显著性（双侧）的值为 0.876 > 0.005，因此接受原假设，认为样本是符合均值为 20.45、标准

差为 4.75124 的正态分布。

表 6-3　单样本 K – S 检验

项目	样本量	正态参数[1][2]		最极端差别			Z	渐近显著性
		均值	标准差	绝对值	正	负		（双侧）
测量值	30	20.45	4.75124	0.108	0.099	– 0.108	0.591	0.876

① 检验分布为正态分布。

② 根据数据计算得到。

（2）样本差异性检验　经检验所选取的样本符合正态分布，且样本量较小（≤30），因此可使用 t 检验对样本进行差异性检验，判断其是否有统计学意义。首先使用 SPSS 软件的 Levene F 方法检验两个总体方差是否相同，当方差齐性不满足时，会提供方差齐性校正后的 t 检验结果。独立样本 t 检验的计算结果见表 6-4。由表 6-4 可以看出，sig = 0.991 > 0.005，方差不显著，可以认为两个样本的方差一致。在方差相等的条件下，sig（双侧）= 0.994 > 0.005，可以接受原假设，即实际值与测量值没有显著性差异，可以用测量值描述实际值。

表 6-4　独立样本的 t 检验

项目	条件	方差方程的 Levene 检验				均值方程的 t 检验				
		F	sig	t	df	sig（双侧）	均值差值	标准误差值	差分的 95% 置信区间	
									下限	上限
含水率	假设方差相等	0.000	0.991	– 0.008	58	0.994	– 0.0096667	1.220414	– 2.45259	2.433258
	假设方差不相等			– 0.008	57.994	0.994	– 0.0096667	1.220414	– 2.45259	2.433326

分析表 6-2 数据可知，在 – 13.6 ~ 0℃温度范围内，玉米籽粒水分传感器的平均绝对误差为 0.40%，最大相对误差为 2.42%，能够满足 0℃以下玉米籽粒的含水率测量需求。在 0 ~ 36.7℃范围内，玉米籽粒水分传感器的平均绝对误差为 0.30%，最大相对误差为 2.52%。玉米籽粒含水率实际值与测量值比较的散点图如图 6-1 所示。

2. 重复性试验

为了验证设计的玉米籽粒水分传感器一组重复性测量条件下的稳定性和精密度，设计了重复性试验。目前，玉米

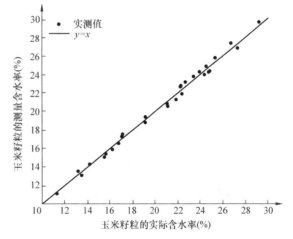

图 6-1　玉米籽粒含水率实际值与预测值比较的散点图

水分测定仪受激励频率和硬件电路设计方法的影响，在测量高含水率玉米籽粒时有很大的测量误差。玉米收获时含水率一般为 28% ~ 30%，所以也配置了高含水率的样品，用二次烘干法测得其含水率为 29.00%，在 22.3℃下由同一试验人员对同一玉米样品进行 10 次重复测量并记录，与市场上认可度高的上海青浦绿洲检测仪器有限公司生产的 LDS – 1G 谷物水

分测定仪进行对比试验，试验结果见表6-5。

表6-5　含水率重复性试验结果

项目	玉米籽粒水分传感器				LDS－1G			
	编号	含水率（％）	编号	含水率（％）	编号	含水率（％）	编号	含水率（％）
测量值	1	29.1	6	29.1	1	28.8	6	28.1
	2	28.9	7	29.0	2	29.2	7	27.9
	3	29.0	8	28.9	3	29.6	8	28.7
	4	28.9	9	28.8	4	29.1	9	28.6
	5	29.1	10	28.9	5	28.4	10	29.3
平均值（％）	28.97				28.77			
标准差（％）	0.10				0.51			
相对标准偏差（％）	0.34				1.79			
极差（％）	0.3				1.7			

试验结果表明，设计的射频介电玉米籽粒水分传感器的相对标准偏差为0.34%，极差为0.3%，LDS－1G的相对标准偏差为1.79%，极差为1.7%，故射频介电玉米籽粒水分传感器的重复性明显优于LDS－1G，在测量高含水率时有良好的稳定性和精密度。

6.2.2　导致误差的因素分析

在测量玉米籽粒含水率时，会出现测量值与真实值不同的情况，测量值与真实值之间的差异称为误差。找出并消除玉米籽粒含水率测量过程中导致误差的因素，可以提高测量结果的有效性，使测量结果更接近真实值。常见的误差有随机误差、粗大误差和系统误差。随机误差可以通过多次试验有效降低。粗大误差多由试验操作人员不细心导致，加强试验人员的责任心、规范试验就可避免出现粗大误差。针对某一因素进行多次试验，系统误差值恒定，试验因素改变时，系统误差按一定规律变化，反映了测量结果的准确度。对平行板电容器存在的杂散参数进行消除就是为了降低系统误差对测量结果的影响。

对玉米籽粒含水率测量过程、试验数据进行分析并查阅相关文献，分析出可能导致误差的因素如下：

（1）玉米籽粒表面湿度的影响　在进行玉米籽粒水分测定仪的系统评估试验时，使用高低温试验箱阶梯式改变温度，尽可能减小短时间内温度变化过快对测量结果的影响。测量过程中玉米籽粒和平行板电容器电极表面存在水滴，这些水滴不是玉米籽粒内部的水分，也影响测量结果的准确性。在外界自然环境下测量时，外界温度在短时间内不会变化过大，因此不会出现这种误差。在使用水分测定仪时，应注意水分传感器与玉米籽粒温差不宜过大，在每次样品装载之前需轻轻擦拭平行板电容器极板表面，可提高含水率测量的准确性。

（2）外界环境的影响　在实际测量时，外界环境不是一成不变的，当实际测量环境与规定环境不一致时，就会使测量结果产生误差，即环境误差。外界环境因素包括机械振动、环境湿度、外界磁场等。称重传感器受机械振动影响易出现测量偏差，导致容重测量不准确。为减小机械振动对称重传感器的影响，可以通过低通滤波器去除称重信号的噪声。同时，可将水分测定仪的整个硬件电路嵌入金属壳中做密封和保温处理，可有效屏蔽外界磁场和环境湿度对硬件电路的影响。

（3）硬件电路的影响　水分测定仪本身显示精度不足也会产生误差。设计的玉米籽粒水分传感器的分辨率为 0.1%，而用二次烘干法得到的含水率分辨率为 0.01%，如玉米籽粒实测值为 15.58%，而水分测定仪测得的为 15.5%，这在一定程度上影响含水率测量的准确度。在不考虑水分测定仪设计成本的条件下，可以使用更高精度的 ADC 测得更为精确的介电常数值，进而提高水分测定仪的分辨率。同时，单片机在数据处理过程中可通过保留一定有效数字和数字修约方法来减小测量误差。

（4）数学模型的局限性　玉米籽粒介电常数的测量试验中，仅测量了 5 个不同品种的玉米籽粒在温度范围 15~40℃、含水率范围 11%~30% 内的值，共计得到 12 个温度点、20个含水率值的玉米籽粒介电常数。虽然在样品含水率制备过程中使含水率在 11%~30% 范围内平均分布，但在实际测量中仍存在个别整数含水率值没有制备，同时在建立 SVM 含水率预测模型时，需要消除数据量纲对模型的影响，即对各影响因素数据进行归一化处理。本次模型建立时采用 Max - Min 归一化方法，这种方法虽然能够在一定范围内有效提高模型的精度，但也限制了模型可预测的范围，具有一定局限性，即当影响因素超过其最大值或小于其最小值时，易产生较大的含水率预测误差。

6.3　本章小结

本章分别对设计的花生籽粒水分测定仪和玉米籽粒水分传感器进行了测试试验。测试花生籽粒水分测定仪，在 5%~19% 含水率区间随机配制了多份样品，先用设计的水分测定仪进行测量，再将测量结果与标准烘干法的结果进行比较。试验结果表明误差在 ±1% 以内，符合设计要求。接下来分析了影响测量精度的主要误差的来源。玉米籽粒水分传感器在 -13.6~0℃ 温度范围内的平均绝对误差为 0.40%，最大相对误差为 2.42%，在 0~36.7℃ 温度范围内的平均绝对误差为 0.30%，最大相对误差为 2.52%。在重复性试验中，其相对标准偏差为 0.34%，极差为 0.3%，好于 LDS - 1G 谷物水分传感器的相对标准偏差（1.79%）和极差（1.7%），可以满足玉米生产、贸易中含水率测量的要求。最后，对玉米籽粒水分传感器测量过程中可能存在的导致误差的因素进行了相关分析。

第7章　小区作物智能测产装置的结构及软硬件设计

7.1　小区作物智能测产装置的设计

小区作物智能测产装置由小区作物智能测产主机和智能手持端组成，如图 7-1 所示。小区作物智能测产装置实行机电一体化，可以完成作物含水率、容重、重量的取样、测量及数据通信（数据通过 RS485 或者无线通信模块上传到智能手持端），还可以实现物料三参数的一次性自动测量。小区作物智能测产装置的主要设计内容包括小区作物智能测产主机机械系统的设计，小区作物智能测产主机电气系统（即测产装置的下位机控制系统）的设计，智能手持端电路控制系统（即测产装置的上位机）的设计，以及上、下位机的软件设计。为了使系统更加稳定可靠，上、下位机设计了相同的 CPU（中央处理器）、电源和通信模块。

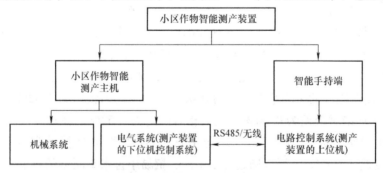

图 7-1　小区作物智能测产装置的结构框图

7.1.1　小区作物智能测产装置的软件设计

小区作物智能测产装置的软件设计包括小区作物智能测产主机的电气系统和智能手持端的电路系统两部分。该系统的主要功能是进行籽粒含水率、重量和容重的测量。小区作物智能测产装置的软件结构如图 7-2 所示。

7.1.2　小区作物智能测产装置的硬件设计

小区作物智能测产装置的硬件设计包括小区作物智能测产主机和智能手持端两部分，其中智能手持端的结构简单。小区作物智能测产主机的主要功能是对籽粒含水率、重量和容重

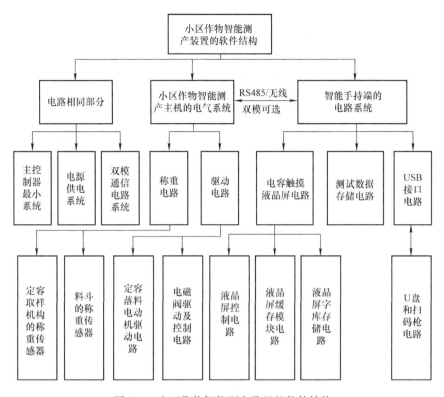

图 7-2　小区作物智能测产装置的软件结构

进行测量。这里使用的传感器是前述研究的含水率测试单元和称重传感器，称重传感器分别置于定容取样测含水率、容重部分和料斗称重部分。小区所收获作物的总重量应将含水率采样的籽粒重量也加入。小区作物智能测产主机机械系统的设计主要是围绕着这两种传感器进行的，主要分为定容取样机构的限位部件、定容取样机构的测量部件、称重料斗的防抖机构三部分，如图 7-3 所示。

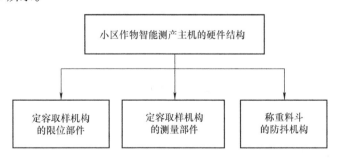

图 7-3　小区作物智能测产主机的机械系统

7.2　小区作物智能测产主机关键部件的设计

　　小区作物智能测产主机机械系统的主要功能是将倒入主机的作物进行定容取样、称重和总重量称量。其功能步骤为：先将籽粒倒入测产主机，利用定量桶进行取样，多余的籽粒由泄流槽流入称重料斗。随后定容取样控制阀打开，取样桶中的作物籽粒以自由落体方式进入含水率、容重测量桶中。测量结束后，将含水率、容重测量桶中的花生籽粒和总重量称量料斗中的籽粒全部倒出，完成一组样品的测试。小区作物智能测产主机的关键部件包括定容取样机构的限位部件、定容取样机构的测量部件、称重料斗的防抖机构，如图7-4所示。

7.2.1 定容取样机构限位部件的结构设计

定容取样机构由取样桶和控制阀两部分组成，取样桶控制定容取样，控制阀控制工作节律。定容取样机构的功能是为含水率测量机构提供可靠的样本。其结构如图7-5所示。

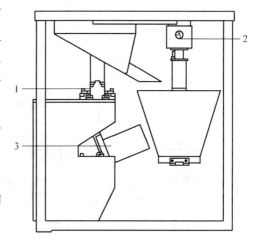

图7-4 小区作物智能测产主机的装配图

1—定容取样机构 2—料斗称重机构
3—含水率测量和定容取样称重机构

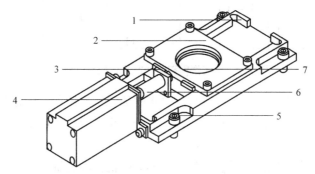

图7-5 定容取样机构的结构

1—阀座 2—阀盖 3—推块 4—气缸 5—气缸座 6—推杆 7—阀芯

控制阀机构的设计：控制阀由气缸驱动，有足够的工作力，动作可靠，同时其工作介质无污染，不会破坏工作环境，且气源获得方便，易于使用。阀体采用插板式，水平布置以避免控制阀对竖直方向的其他组件产生影响；阀体右侧开有通槽，使花生籽粒能够自由流出，防止残留花生籽粒影响机械动作。

控制阀的运动调节：由于作物籽粒在测试时需要一定的初速度，要求控制阀要有较快的开启速度，因此需要选用动作速度较快的驱动元件。

7.2.2 定容取样机构测量部件的结构设计

定容取样机构的测量部件由测量桶、翻倒机和称重传感器三部分组成。翻倒机使用气缸驱动，并满足初始动作迅速、回程速度平稳的控制要求。定容取样机构测量部件的结构如图7-6所示。

为了减少气缸占用的空间，并使其能够完成大于120°的动作角，气缸的连接点选在支

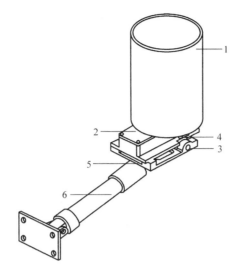

图 7-6　定容取样机构测量部件的结构

1—测量桶　2—翻板和称重传感器　3—转轴　4—紧固螺钉　5—机座　6—气缸

点之前。但是这样的设计会形成一定的速比。该机构对回程速度较敏感，其时间－角速度特性（见图 7-7）也印证了这一点。

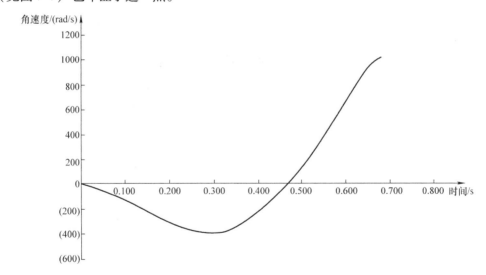

图 7-7　时间－角速度特性

由于回程速度过快，在回程时会造成机械冲击，为了避免冲击造成的破坏需要在回程段进行调速。由于为气压传动方式所以选择节流调速回路，即在进气端加节流阀，可使机构运动平稳。

7.2.3　称重料斗防抖机构的结构设计

重量测量机构用于对作物籽粒重量进行测量，为保证称重的可靠性，需要减少外界环境对敏感方向上力的干扰，一般通过设计专用的限位机构限制除竖直方向的移动外的其他自由度，即由上下定位桶约束桶沿 X、Y 轴的转动和移动，由定位销限制其沿 Z 轴的转动，从而使称重传感器只承受 Z 轴方向的力。称重料斗的防抖机构如图 7-8 所示。

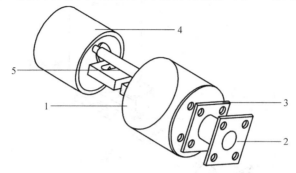

图 7-8　称重料斗的防抖机构

1—称重传感器　2—连接套筒　3—下定位　4—上定位　5—定位销

7.3　小区作物智能测产装置电路相同部分的设计

7.3.1　主控制器最小系统的设计

小区作物智能测产装置的控制部分由智能手持端（上位机）控制部分和测产主机（下位机）控制部分构成，两部分用到的主控芯片都为 STM32F407，区别在于两者的封装不同，智能手持端控制部分采用的芯片是 144 引脚，测产主机控制部分采用的芯片是 100 引脚。STM32F407 使用 ARM 的 Cortex – M4 内核。Cortex – M4 是 32 位处理器内核，所以内部的数据路径为 32 位，寄存器为 32 位，储存器接口也为 32 位，同时采用了哈佛结构，而且还新增了信号处理功能，并提高了运行速度。

由于智能手持端编写的程序较大，超过了 STM32F407 自带 Flash 的最大内存量，故又设计了 S29GL128P 系统程序存储器模块来放置编写的程序。S29GL – P 系列是有 1GB、512MB、256MB 和 128MB 4 种容量的 3.0V 页面模式 Flash 器件，针对需要大型存储阵列和丰富功能的嵌入式设计进行了优化，采用 90nm MirrorBit 工艺技术制造，提供统一的 64 千字（128KB）统一扇区，并具有 VersatileIO 控制功能，允许控制信号和 I/O 信号在 $1.65V \sim V_{CC}$ 之间运行。

STM32F407 最小系统的主控电路如图 7-9 所示。

7.3.2　智能测产装置电源供电系统的设计

由于系统中用到的很多元器件是 3.3V 或者 5V 供电，一旦接收的电压大于其自身耐压就会被击穿导致元器件损坏，为此在电路板上要设计稳压电路。此系统的电路板供电电压为 12V，所以要设计 5V 稳压电路和 3.3V 稳压电路。

智能手持端部分用电量较小，所以对供电装置的输出电流能力要求不高，能满足最大 2A 输出即可。对这部分的供电不能追求供电装置具有很高的电流输出能力，因为供电装置的电流输出能力越强干扰能力就越强，由于此处有触摸屏，供电装置的干扰会影响触摸屏的

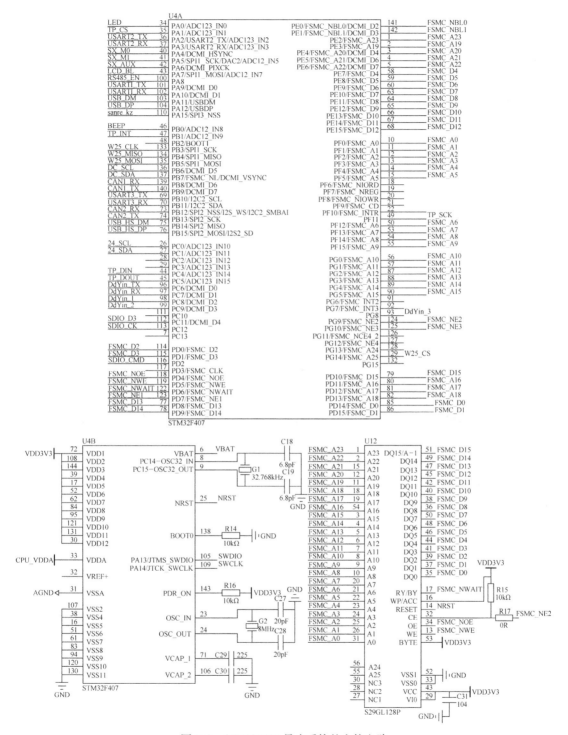

图 7-9　STM32F407 最小系统的主控电路

正常工作，可能会导致在触摸屏上单击按钮时出现错误的响应。小区作物智能测产主机控制部分的供电因为要驱动电动机和继电器所以需要的电流较大，即要求供电装置可以输出较大的电流，一般最大在 5A 左右即可。不必一味追求供电装置具有大的电流输出能力，只要能满足系统工作就可以。

5V 稳压电路采用的芯片是 LM2596S，3.3V 稳压电路采用的芯片是 LM1117，设计的稳压电路如图 7-10 所示。

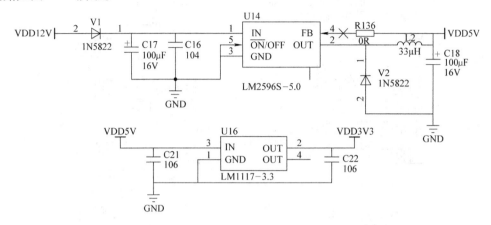

图 7-10　稳压电路

注：图中 R136 左侧的"×"号表示该电路部分断开了。

7.3.3　测产主机与手持端双模通信电路系统的设计

该系统中涉及的通信分为有线通信和无线通信，有线通信为 RS485 通信，无线通信为无线串口通信，可以根据不同工作环境和要求选择不同的通信方式。无线通信和有线通信各有优缺点：无线装置和有线装置相比无线装置更加便捷，无线装置在要求的通信范围内进行通信时通信装置可以随意移动而不受影响，而有线装置就要考虑如何敷设信号线；有线通信比无线通信的信号传输更加稳定，能够保证大型装置的正常运行；有线通信的信号传输速度也比无线通信快，且不易受到大量的电磁波干扰。系统中的通信电路如图 7-11 和图 7-12 所示。

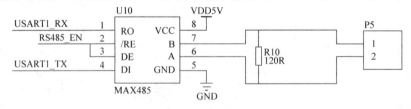

图 7-11　RS485 通信电路

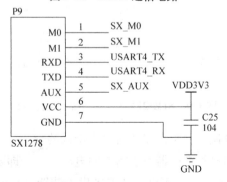

图 7-12　无线模块电路

7.4　小区作物智能测产主机电路系统的设计

7.4.1　称重电路的设计

1. 定容取样机构称重传感器的选择

定容取样机构测量的是含水率测量桶中种子的重量，其称量传感器选用的是 QL601 型称重传感器，其测量原理是：贴在弹性体上的电阻应变片在外力作用下发生形变，它的阻值将发生变化，再经相应的测量电路把这一电阻变化转换成电信号，单片机读取电信号并将其处理成相对应的重量。QL601 型称重传感器的技术参数见表 7-1。

表 7-1　QL601 型称重传感器的技术参数

名称	参数
精度等级	1 ~ 800g
综合误差	±0.017% F. S.
灵敏度	±0.2mV/V
零点输出	±1.5% F. S.
绝缘阻抗	≥5000MΩ
使用温度范围	−10 ~ 40℃
激励电压	DC 5 ~ 12V
安全过载范围	120%
极限过载范围	150%
防护等级	IP65

QL601 型称重传感器的外形如图 7-13 所示。

2. 料斗称重传感器的选取

料斗称量的是落入称重料桶的种子的重量，其称重传感器选用的是美国 Celtron（世铨）STC 系列拉式称重传感器。其测量原理与 QL601 型称重传感器相同。美国 Celtron STC 系列拉式称重传感器的技术参数见表 7-2。

图 7-13　QL601 型称重传感器的外形

表 7-2　美国 Celtron STC 系列拉式称重传感器的技术参数

名称	参数
产品类型	称重传感器
产品型号	STC
综合精度	0.02%
量程	0 ~ 75kg
防护等级	IP67

料斗称重传感器选取 Celtron STC – 75 称重传感器，其最大量程为 75kg。小区产量最大约 15kg，考虑到称重料斗和加料时的冲击及机载测产系统的振动冲击，量程确定为 75kg。其外形如图 7-14 所示。

3. 称重电路的设计

由于测量电路产生的电信号很小，不能直接通过单片机进行读取，必须对外力变换成的电信号进行放大，放大后再让单片机读取。由于 STM32F407 的 ADC 分辨率为 16 位，精度不够高，会影响读取数值的精确度，所以使用了一款高精度 A – D 转换芯片 HX711。HX711 是一款为高精度电子秤而设计的 24 位 A – D 转换芯片，可同时完成信号放大和 A/D 转换。单片机可以按照该芯片的芯片协议读取

图 7-14　Celtron STC –75 称重
传感器的外形

到测量值，然后单片机再对读取到的值进行处理计算出所测物品的重量。HX711 称重模块的电路如图 7-15 所示。

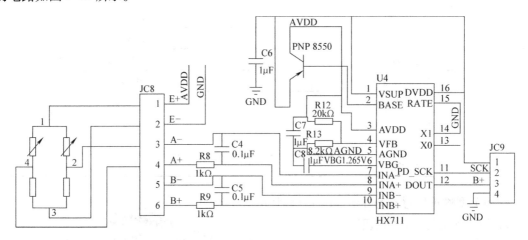

图 7-15　HX711 称重模块的电路

7.4.2　驱动电路系统的设计

1. 定容落料电动机驱动电路的设计

该系统采用的电动机为直流减速电动机，该类型电动机由普通直流电动机加上配套的齿轮减速器构成。齿轮减速器降低了电动机的转速，但是能提供比较大的力矩，而且齿轮减速器的减速比具有多种类型，所以可以提供不同的转速和力矩，我们可以根据自身需要进行选择，所以直流减速电动机在很多行业中都得到了普遍的应用。直流减速电动机具有振动小、噪声小、节能、节省空间、可靠耐用、承受过载能力强等优势。直流减速电动机的技术参数见表 7-3。

由于 24V 直流减速电动机的额定电流太大，对电路影响也较大，在不影响功能实现的情况下优先选用 12V 的直流减速电动机。

表 7-3　直流减速电动机的技术参数

名称	参数	
电压	12V	24V
电动机型号	25G	35G
减速比	1/516	1/516
齿轮箱长度/mm	30.5	30.5
空载转速/(r/min)	5	6
额定转速/(r/min)	3.5	4.2
额定力矩/kg·cm	15	15
额定电流/A	0.18	0.33

直流减速电动机不能由单片机直接驱动，因为单片机的驱动电压和驱动电流都太小，故需要配置电动机驱动电路。本系统选用的驱动芯片是 BTN7971，该芯片为半桥驱动，若要控制电动机的正反转需要两片该驱动芯片。该芯片输入电压较广，驱动能力强，最大输出电流可达 70A，对工作环境要求少。电动机驱动电路如图 7-16 所示。

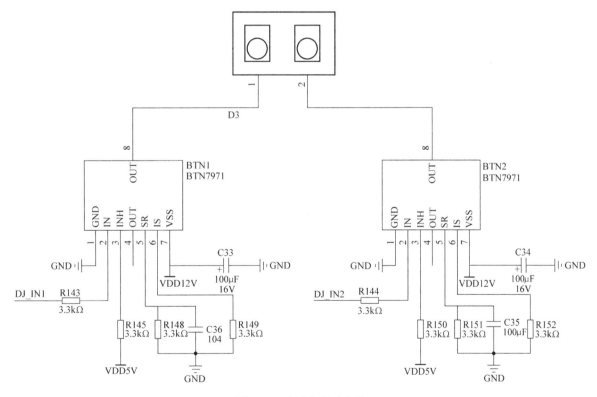

图 7-16　电动机驱动电路

2. 电磁阀驱动及控制电路的设计

系统中称重料桶卸料和含水率测量取样装置中对挡板的控制用到了气缸，通过控制电磁阀的通断来改变气体进入气缸的入口，以此来控制气缸的伸出和收回。进入气缸的气体由气泵提供，气压的大小通过气压调节阀调节，可以随意调节到气缸所需要的气压大小。电磁阀的启动电压为 12V，通过继电器来控制电磁阀是否得电（即电磁阀是否导通）。电磁阀控制电路如图 7-17 所示。

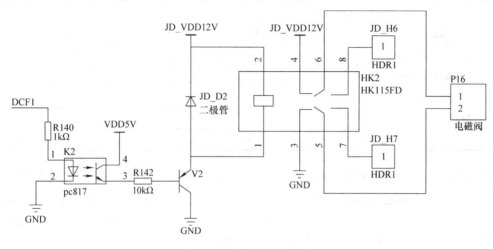

图 7-17 电磁阀控制电路

7.5 智能手持端电路系统的设计

7.5.1 电容触摸液晶屏控制电路的设计

1. 液晶屏控制电路的设计

智能手持端用的液晶屏是带 MCU（微控制器）的 7in（1in = 2.54cm）电容触摸 TFT – LCD，该液晶屏除显示外，还可以通过点击屏幕上的按钮去控制智能测产主机工作，屏幕上的按钮以及该按钮按下之后所要完成的功能需要编程去实现。带 MCU 的 7in 电容触摸 TFT – LCD 的参数见表 7-4。

表 7-4 带 MCU 的 7in 电容触摸 TFT – LCD 的参数

接口类型	LCD 驱动器 Intel 8080：16 位并口 触摸屏：I^2C
颜色格式	RGB565
颜色深度	16 位
显存页数	8 页
显存容量	8MB
LCD 分辨率	800 像素 ×480 像素
触摸屏类型	电容触摸
触摸点数	最多 5 点同时触摸

带 MCU 的 7in 电容触摸 TFT – LCD 与 STM32F407 的引脚连接如图 7-18 所示。

2. 液晶屏缓存模块电路的设计

由于带 MCU 的 7in 电容触摸 TFT – LCD 的分辨率太高，单片机不能单独驱动，需要把所要显示的数据或者图像放入显示缓存区内，才可以在屏幕上呈现内容。该缓存区是我们自己编程时开辟的一段内存区，一般是通过定义一个与屏幕尺寸大小相同的二维数组来开辟该空间的，这样控制屏幕内容会方便一些。考虑到智能手持端需要显示图片，所以选用 IS61WV1024 芯片作为系统屏幕的缓存芯片。

IS61WV102416BLL 是高速 16Mbit/32Mbit SRAM（静态随机存储器），以 16 位 1024K/2048K 字的形式进行分配。该器件采用 ISSI 的高性能 CMOS 技术制造，这种高度可靠的工艺加上创新的电路设计技术带来的是高性能和低功耗的器件。液晶屏缓存模块电路如图 7-19 所示。

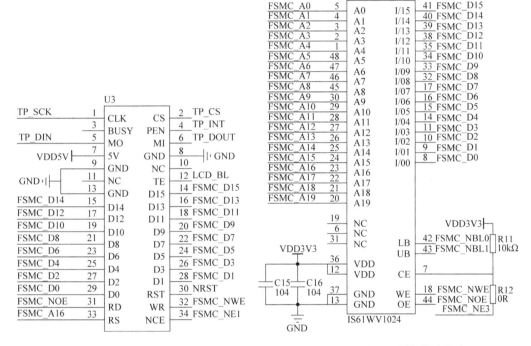

图 7-18　带 MCU 的 7in 电容触摸 TFT – LCD 与
STM32F407 的引脚连接

图 7-19　液晶屏缓存模块电路

3. 液晶屏字库存储电路的设计

智能手持端的液晶屏不仅要显示图片还要显示文字，想要显示文字最好的方式就是调用字库，但是带 MCU 的 7in 电容触摸液晶屏本身不带字库，需要自己来设计电路手动下载字库，AT24C02 芯片就是用来存储下载后的字库的。液晶屏字库存储电路的参数见表 7-5。

表 7-5　液晶屏字库存储电路的参数

名称	参数
工作温度	$-55 \sim 125℃$
各管承受的对地电压	$-2.0V \sim V_{CC} + 2.0V$

（续）

名称	参数
V_{CC} 对地电压的范围	$-2.0 \sim 7.0V$
最大功率	1.0W
引脚焊接温度	300℃
输出短路电流	100mA

液晶屏字库存储电路如图 7-20 所示。

7.5.2 测试数据存储电路的设计

智能测产装置在测试过程中会产生大量的测试数据，需要将这些数据完整地保存起来以方便查询和导出，而单片机内存太小不足以满足此功能，故设计了 W25Q64 芯片组成的测试数据存储电路。

W25Q64 是华邦电子股份有限公司（Winbond）推出的大容量 SPI-Flash 产品，容量为 64Mbit（即 8MB），该系列还有 W25Q80/16/32 等。W25Q64 的擦写周期多达 10 万次，具有 20 年的数据保存期限，支持电压为 2.7 ~ 3.6V。W25Q64 支持标准的 SPI，还支持双输出/四输出的 SPI，最大 SPI 时钟频率可以达到 80MHz（双输出时相当于 160MHz，四输出时相当于 320MHz）。测试数据存储电路如图 7-21 所示。

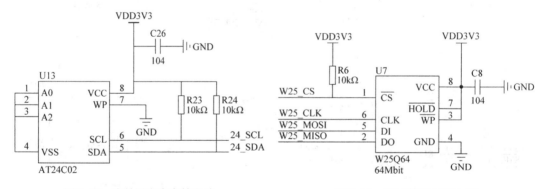

图 7-20　液晶屏字库存储电路　　　　图 7-21　测试数据存储电路

7.5.3 USB 接口电路的设计

智能手持端的 USB 接口既可以作为扫码枪的信息输入口（只要将扫码枪接到智能手持端的 USB 接口上便可以进行扫入条码的操作），也可以作为 U 盘导出数据的接口（将 U 盘插在智能手持端的 USB 接口上，打开智能手持端数据导出界面，点击导出数据按钮便可以将测得的数据以 Excle 格式保存到 U 盘中）。USB 接口电路如图 7-22所示。

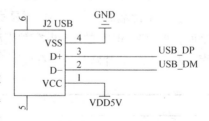

图 7-22　USB 接口电路

7.6　小区作物智能测产装置的软件设计

7.6.1　智能手持端的软件设计

系统主程序主要完成各模块的初始化，包括 μC/OS - Ⅱ、图形用户界面（GUI）、称重模块、定时器模块、触摸屏模块等的初始化。μC/OS - Ⅱ是一个简单且高效的嵌入式实时操作系统内核，它支持 x86、PowerPC、ARM 和 MIPS 等众多体系结构，在智能仪器、移动电话、路由器、工业控制和 GPS 导航系统等领域有着广泛的应用。μC/OS - Ⅱ可管理的任务多达 64 个，提供多系统服务，每个任务有其单独的栈。图 7-23 所示为 μC/OS - Ⅱ任务的状态及其转换。

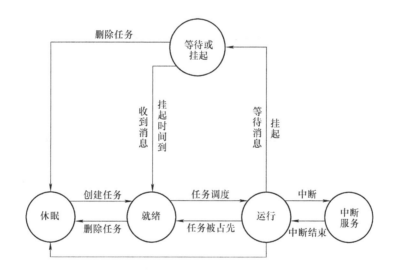

图 7-23　μC/OS - Ⅱ任务的状态及转换

7.6.2　小区作物智能测产主机的软件设计

小区作物智能测产主机的软件部分主要用来对各部分传感器的数据进行处理以及控制各个元器件进行准确稳定的工作，具体工作流程如图 7-24 所示。

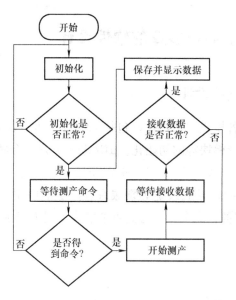

图 7-24　小区作物智能测产主机软件部分的工作流程

7.7　本章小结

本章设计了小区作物智能测产装置的机电系统部分，研究了小区作物智能测产装置的软件系统设计。

1）完成了小区作物智能测产装置机械系统三个关键部件的设计，包括定容取样机构的限位部件、定容取样机构的测量部件和称重料斗的防抖机构。

2）完成了小区作物智能测产装置主机的电气系统（也称为小区作物智能测产装置的下位机）的设计。

3）完成了小区作物智能测产装置智能手持端电路控制系统（也称为小区作物智能测产装置的上位机）的设计。

4）完成了小区作物智能测产装置上、下位机的软件设计。

第8章 小区作物机载智能测产系统的软件算法及技术研究

8.1 小区作物机载智能测产系统的组成

小区作物机载智能测产系统由小区作物智能测产装置、加拿大诺瓦泰差分 GPS 和松下 FZ – G1 机载平板计算机组成,组成框图如图 2-2 所示。其中,小区作物智能测产装置是整个系统的基础,完成含水率、容重和重量的测量,并将数据上传至机载平板计算机。机载平板计算机是整个系统的核心,有两个 USB 接口,一个与差分 GPS 基站相连接,另一个通过 USB/RS485 转接口接收智能手持端传送的测量数据。

1. 置于收获机上的测产装置

将小区作物智能测产装置置于小区收获机上(见图 8-1),当一个小区收获结束后,打开落料机构,将籽粒倒入小区作物智能测产主机,可将其重量、含水率、容重一次性测出,并将测量数量上传到置于驾驶室的智能手持端(见图 8-2),智能手持端又将数据通过 RS485/USB 转接口送入机载平板计算机。

图 8-1 置于收获机上的测产装置

图 8-2 置于驾驶室的智能手持端

2. 机载平板计算机

松下 FZ – G1 机载平板计算机是机载智能测产系统的核心。该计算机上的程序通过读入差分 GPS 的坐标信息,将收获机当前的位置实时显示在机载平板计算机上,通过算法能够判断出当前收获地块的代码信息,并将该地块在平板计算机上的实时显示区块由绿色变成红色,表示当前正在该地块作业。机载平板计算机屏幕的右侧显示准确的实时经纬度。图 8-3 所示为松下 FZ – G1 机载平板计算机上的测产界面。

图 8-3　松下 FZ - G1 机载平板计算机上的测产界面

3. 差分 GPS

卫星发送的 GPS 信号是一种可供用户共享的信息资源，所以用户需要一种可以接收 GPS 信号的接收装置，以便根据 GPS 信号的传输时间、导航电文实时计算出测站的三维信息等。本设计采用差分 GPS 方式，通过接收机接收卫星信号，通过 PDL 电台实现基准站和移动站之间的通信，由于存在轨道误差、时钟误差、SA（选择利用性）影响、大气影响、多径效应以及其他误差，差分 GPS 可以利用数据链将此改正数据发送出去，由用户站接收，并且对其解算的用户站坐标进行改正，从而更好地实现精准定位。图 8-4 所示为加拿大诺瓦泰差分 GPS（还包括配套的电池、天线、接收机等）。

a) 差分GPS的组件　　　　　　　　b) 差分GPS基站

图 8-4　加拿大诺瓦泰差分 GPS

8.2　地块识别算法研究

8.2.1　射线法小区识别技术

育种过程中小区通常被设置成矩形，但由于实际环境的限制也可能为其他不规则的多边形，这里将用一个不规则多边形（见图 8-5）来作为小区作物地块的数学模型。将测产系统视作平面内的某一点，则定位识别问题可描述为判断平面内某一点是否在多边形内。

接下来将用射线法 + 去顶点法来求证点 L 在闭合多边形内。

在整个测产过程的最开始阶段，应测量小区各顶点的位置信息，对应到图 8-5 上则是对应的 A、B、C、D、E、F 点的坐标值，将各点连接得到一个不规则多边形 $ABCDEF$。

按照射线法 + 去顶点法，假设平面中有一不规则封闭多边形，取平面内一点（点 L），从这个点出发发射一条随机射线，若过任意一个多边形的顶点，则重新选取方向；若射线与多边形有奇数个交点，则点 L 在多边形内；若射线与多边形有偶数个交点，则点在多边形外（见图 8-6）。

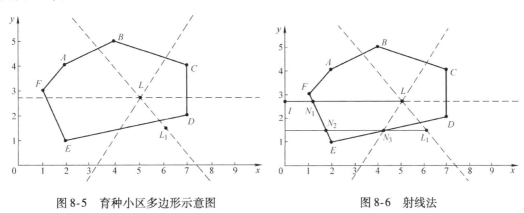

图 8-5　育种小区多边形示意图　　　　　图 8-6　射线法

8.2.2　数学原理

直线（射线、线段）的表示一般有参数式和隐式的点法表达方式（射线、线段需要标注范围），二者之间很容易互相转换。一般来说，在计算直线相交时，使用参数式的方式更加方便。

参数式的表达方式如下：

$$\boldsymbol{L} = \boldsymbol{P} + \vec{a}t = \begin{cases} X = x_0 + t \\ Y = y_0 + kt \end{cases} = \begin{cases} X = x_0 + \cos\theta t \\ Y = y_0 + \sin\theta t \end{cases} \tag{8-1}$$

$\boldsymbol{P}$ 点是直线上的某一点，向量 $\vec{a}$ 通过直线上两点的向量得到。

假设图 8-6 中各点坐标为 $A(x_1,y_1)$，$B(x_2,y_2)$，$C(x_3,y_3)$，$D(x_4,y_4)$，$E(x_5,y_5)$，$F(x_6,y_6)$，$L(x_0,y_0)$。

首先以 L 点为端点向 x 轴的负方向发射射线，交 y 轴于点 I。

由式（8-1）可得射线 LI 的表达式为

$$\boldsymbol{LI} = \boldsymbol{P}_0 + \vec{a_0}t_0 = \begin{cases} X = x_0 + t_0 \\ Y = y_0 \end{cases} \quad (t_0 < 0) \tag{8-2}$$

再选取线段 AB，同理可知线段 AB 的表达式为

$$\boldsymbol{AB} = \boldsymbol{P}_1 + \vec{a_1}t_1 = \begin{cases} X = x_1 + t_1 \\ Y = y_1 + \dfrac{x_2 - x_1}{y_2 - y_1}t_1 \end{cases} \quad (0 < t_1 < x_2 - x_1) \tag{8-3}$$

假使射线 LI 与线段 AB 存在交点，则交点必定满足

$$\boldsymbol{P}_0 + \vec{a_0}t_0 = \boldsymbol{P}_1 + \vec{a_1}t_1 \tag{8-4}$$

将式（8-4）通过 x 和 y 坐标展开，得到一个二元一次方程组

$$\begin{cases} \begin{cases} X = x_0 + t_0 \\ Y = y_0 \end{cases} \\ \begin{cases} X = x_1 + t_1 \\ Y = y_1 + \dfrac{x_2 - x_1}{y_2 - y_1}t_1 \end{cases} \end{cases} \tag{8-5}$$

为了简化式（8-4）与式（8-5）的形式，定义如下操作

$$\begin{cases} \mathrm{Kross}(\vec{v_0}, \vec{v_1}) = \vec{v_0}x \times \vec{v_1}y - \vec{v_1}x \times \vec{v_0}y \\ \vec{\Delta} = \boldsymbol{P}_1 - \boldsymbol{P}_0 \end{cases} \tag{8-6}$$

将式（8-2）与式（8-3）按照式（8-6）的方式展开，得到

$$\begin{cases} \mathrm{Kross}(\vec{a_0}\,\vec{a_1}) = \vec{a_0}x \times \vec{a_1}y - \vec{a_1}x \times \vec{a_0}y \\ \vec{\Delta} = \boldsymbol{P}_1 - \boldsymbol{P}_0 \end{cases} \tag{8-7}$$

和

$$\begin{cases} \mathrm{Kross}(\vec{a_0}, \vec{a_1}) * t_0 = \mathrm{Kross}(\vec{\Delta}\,\vec{a_1}) \\ \mathrm{Kross}(0, \vec{a_1}) * t_1 = \mathrm{Kross}(\vec{\Delta}, \vec{a_0}) \end{cases} \tag{8-8}$$

计算得到 $\mathrm{Kross}(\vec{a_0}, \vec{a_1}) = 0$，则射线 LI 与线段 AB 所在直线必定有一交点，并可知

$$\begin{cases} t_0 = \mathrm{Kross}(\vec{\Delta}, \vec{a_1})/\mathrm{Kross}(\vec{a_0}, \vec{a_1}) \\ t_1 = \mathrm{Kross}(\vec{\Delta}, \vec{a_0})/\mathrm{Kross}(\vec{a_0}, \vec{a_1}) \end{cases} \tag{8-9}$$

$t_1 = \mathrm{Kross}(\vec{\Delta}, \vec{a_0})/\mathrm{Kross}(\vec{a_0}, \vec{a_1})$ 没有落在区间（$0 < t_1 < x_2 - x_1$）上，所以线段 AB 与射线 LI 没有交点。

同理选取线段 BC，其表达式为

$$\boldsymbol{BC} = \boldsymbol{P}_2 + \vec{a_2}t_2 = \begin{cases} X = x_1 + t_2 \\ Y = y_1 + \dfrac{x_2 - x_1}{y_2 - y_1}t_2 \end{cases} \quad (0 < t_2 < x_2 - x_1) \tag{8-10}$$

由式（8-9）得

$$\begin{cases} \mathrm{Kross}(\vec{a_0}, \vec{a_2}) = \vec{a_0}x \times \vec{a_2}y - \vec{a_2}x \times \vec{a_0}y \\ \vec{\Delta} = \boldsymbol{P}_2 - \boldsymbol{P}_0 \end{cases} \tag{8-11}$$

由式（8-11）得

$t_6 = \mathrm{Kross}(\vec{\Delta}, \vec{a_0})/\mathrm{Kross}(\vec{a_0}, \vec{a_6})$ 不在（$0 < t_6 < x_6 - x_5$）区间内，即线段 BC 与射线 LI 不存在交点。

选取线段 *EF*，其表达式为

$$EF = \boldsymbol{P}_6 + \vec{a_6}t_6 = \begin{cases} X = x_5 + t_6 \\ Y = y_1 + \dfrac{x_6 - x_5}{y_6 - y_5}t_6 \end{cases} (0 < t_6 < x_6 - x_5) \tag{8-12}$$

由式（8-9）得

$$\begin{cases} \text{Kross}(\vec{a_0}, \vec{a_6}) = \vec{a_0}x \times \vec{a_6}y - \vec{a_6}x \times \vec{a_0}y \\ \vec{\Delta} = \boldsymbol{P}_6 - \boldsymbol{P}_0 \end{cases} \tag{8-13}$$

由式（8-11）得

$t_6 = \text{Kross}(\vec{\Delta}, \vec{a_0})/\text{Kross}(\vec{a_0}, \vec{a_6})$ 在 $(0 < t_6 < x_6 - x_5)$ 区间内，即线段 *EF* 与射线 *LI* 存在交点。

按照上述方法，可依次求得各边（即线段 *AB*、*BC*、*CD*、*DE*、*EF*）与射线 *LI* 的交点。射线 *LI* 在不规则多边形 *ABCDEF* 的各边上有且仅有一个交点（位于 *FE* 上），根据之前提到的射线法可知，若交点的个数为奇数，则点 *L* 位于多边形内，即可以确定智能测产装置在该小区内。若所求得的交点的个数为偶数（如图 8-6 中射线 L_1N_3 所示），则小区育种测产装置已经离开该小区或尚未进入该小区。

8.2.3　地块识别算法的软件实现

按照 8.2.2 节中描述的数学原理，定义函数的程序如图 8-7 所示。

通过设置形参，输入对应射线或线段上的点，以确定所需的直线方程。描述式（8-6）的程序如图 8-8 所示。

```
int  findLine2LineIntersection2D(
    const Vec2d& p0, const Vec2d& p1,
    const Vec2d& p2, const Vec2d& p3, Vec2d& point)
{
    const double epsilon = 1e-7;

    Vec2d d0 = p1 - p0;
    Vec2d d1 = p3 - p2;
    Vec2d diff = p2 - p0;
```

图 8-7　定义函数的程序

```
double krossd0d1    = d0.x()*d1.y() - d1.x()*d0.y();
double sqrkrossd0d1 = krossd0d1*krossd0d1;
double sqrlen0 = d0.length2();
double sqrlen1 = d1.length2();
```

图 8-8　直线方程的程序

描述 8.2.2 节中式（8-6）、式（8-7）、式（8-8）相关的求证 $\text{Kross}(\vec{v_0}, \vec{v_1})$ 是否为 0（即是否有交点）的过程的程序如图 8-9 所示。

最后，系统将根据函数 findLine2LineIntersection2D 的返回值来对应记录交点的个数，根据其奇偶反馈给终端，并对应显示出机载测产装置在小区中的工作状态。

```
if (sqrkrossd0d1 > epsilon * sqrlen0 * sqrlen1)
{
    double s = diff.x() * d1.y() - d1.x() * diff.y();
    point = p0 + s * d0;
}

double krossdiffd0 = diff.x()*d0.y() - d0.x()*diff.y();
double sqrkrossdiffd0 = krossdiffd0*krossdiffd0;
double sqrlendiff = diff.length2();
if (sqrkrossdiffd0 > epsilon * sqrlen0 * sqrlendiff)
{
    return 0;
}

return 2;
```

图 8-9　判断过程的程序

8.3 机载终端测产软件的技术研究

8.3.1 机载终端测产软件的结构

机载终端测产软件是专门为搭载小区育种收获测产系统的联合收获机而设计的，可以实时显示收获机当前的位置信息，采集测产数据生成产量分布图。该软件通过 RS485 串口与 GPS 接收机、机载测产系统进行通信，接收 GPS 接收机发送的位置信息数据，以及机载测产系统测得的小区作物的重量、含水率等信息，再经过数据缓冲器进行有效数据的筛选、整合，进而将数据存入 SQLite3 数据库，即可进行查询、读取等操作。读取数据库中的信息，生成三维数据，通过三维驱动 OpenGL，将测产信息直观地在机载终端的用户界面（UI）上显示出来。机载终端测产软件的结构如图 8-10 所示。

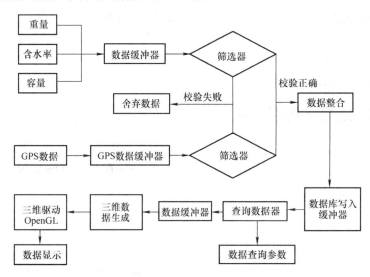

图 8-10　机载终端测产软件的结构

8.3.2 机载终端测产软件的界面设计

机载终端测产软件的界面包括作物品种选择、收获测产、数据查询等界面。点击机载终端测产软件图标进入作物品种选择界面，选择即将收获的作物（花生、小麦等），点击对应图标进入测产界面。

在 Qt 设计中，可以用 Qt Designer 直接进行 UI 的设计，添加按钮、标签、背景图片、文本编辑器等，通过信号和槽机制添加关系。虽然此方法相对方便简单，可以满足我们大部分的需求，但是在有些特殊情况下无法实现需要的功能，例如在行编辑器中输入经纬度信息有两种方法，这里无法直接使用控件进行输入，这就需要我们使用另一种方法——通过 Qt Creator 编写控件代码实现设计中需要的功能。

在机载终端测产软件设计中，可采用 Qt Creator 编写控件代码，从而实现我们的目标功能。

首先需要对作物品种选择界面进行设计，通过该界面选择将要收获的作物，并通过 RS485 串口将选择的此作物品种指令发送给机载测产系统，测产系统根据指令进行自身调整，等待收获完成后准备测产。

本界面设计使用 QButton 类，添加按钮并添加背景图片，标明该部分所代表的作物品种。点击按钮跳转至第二个界面——小区作物界面。此界面设计使用 QLable 类，添加若干标签以表示目标小区，并进行背景色填充、编号标注。当搭载测产系统及 GPS 的小区联合收获机进行收获进入某一小区时，在机载终端测产软件界面上，该小区由原来的绿色变为红色，表示收获机正进入该收获区域进行收获，而该小区由红色变为绿色时表示收获完毕，此时可进行测产工作，完成测产之后将数据发送到机载终端并保存。

机载终端与测产系统、GPS 接收机的通信均使用 RS485 协议，在 Qt 开发中应用 QSerialPort 类编写控件，以实现数据的发送和接收功能。GPS 接收机与机载终端线连接并发送数据时，机载终端自动打开 COM （串行通信）端口接收数据。将机载终端的 COM 端口编号存在 com. txt 文档中，当机载终端与 GPS 接收机连接时，语句 QFile files （"com. txt"）会自动执行读取当前接入的 COM 端口的编号，再进行波特率、数据位、停止位等的编写并使之与 GPS 接收机相同，从而实现位置数据的接收与显示。机载终端的 COM 端口接收 GPS 数据的程序如图 8-11 所示。

```
m_gps.setBaudRate(9600);    //接收GPS数据
m_gps.setDataBits(QSerialPort::Data8);
m_gps.setFlowControl(QSerialPort::NoFlowControl);
m_gps.setParity(QSerialPort::NoParity);
m_gps.setStopBits(QSerialPort::OneStop);
connect(&m_gps,SIGNAL(readyRead()),this,SLOT(gps_msg()));
m_gps.setPortName(comStr.at(0));
m_gps.open(QFile::ReadWrite);
```

图 8-11　机载终端的 COM 端口
接收 GPS 数据的程序

8.3.3　机载测产系统数据的查询

机载测产系统测得的重量、含水率等数据以及 GPS 位置信息存放在 SQLite3 数据库中，进入之后可以查询重量、含水率、容重、经纬度、时间等信息，也可将数据导出。在数据查询界面，每一项指标前都有标有"启用"的复选框，可以单独查询某一项数据，比如相同含水率下作物的重量及容重、相同纬度下作物的含水率等指标，更加方便进行分析。默认情况下数据按时间先后顺序进行排列，默认选项为"与"关系，即同时查询所设置重量和含水率两个变量交集的数据；当选择"或"关系时，即可查询重量或含水率所设置数据范围内所有的产量数据。重量选项处有标着倒三角符号的下拉按钮，点击之后可以切换到含水率选项，可分别查询生成的重量和含水率的 3D 图形。

SQLite3 不是一个独立的进程，而是作为程序的一部分。应用程序经由编程语言内的 API （应用程序接口）直接调用 SQLite3，极大地缩短了数据库访问的时间，因为在一个进程中调用函数要比跨进程通信效率更高。SQLite3 将整个数据库作为一个单独的、可跨平台的文件存储在主机中，它采用了再写入数据时将整个数据库文件加锁的简单的设计。尽管 SQLite3 的写操作只能串行进行，但其读操作可以多任务同时进行。数据查询界面如图 8-12 所示。

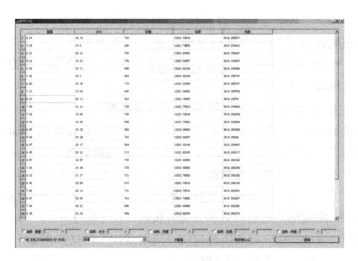

图 8-12　数据查询界面

8.3.4　3D 产量图生成技术

　　产量图绘制流程如图 8-13 所示。点击图 8-12 中的 3D 查看按钮，可以看到所选择小区的产量图的俯视图，如图 8-14 所示。生成的俯视图为二维坐标平面，不同色块代表该地块的产量所处的数据段。在分段数量选项后可以设置不同数据段的数量，以对 3D 图形进行分

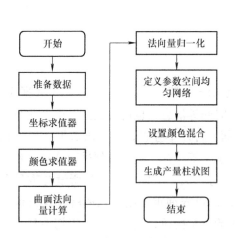

图 8-13　产量图绘制流程

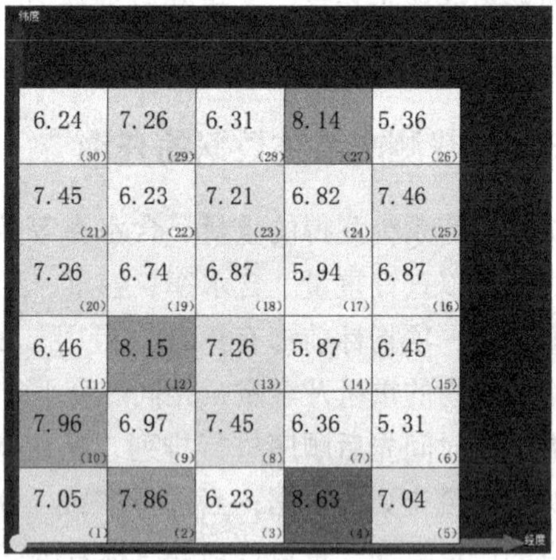

图 8-14　产量图的俯视图

段染色，方便直观了解产量分布情况。点击更新段数后，需要设置不同数据段的数值范围。设置好各数据段的范围后，点击分段范围之后的色块可以在 Select Color 选项中选择不同颜色对该数据段进行染色。数据库准备分段数据的程序如图 8-15 所示。

```
//n是纬度  e是经度  g为重量；s为水分
FGrid_Option *pOption = FGrid_GlobalOption::
    instance().GetTableOption("data", "data/data.db")->Clone();
pOption->GetField("weight")->AppendData(g);
pOption->GetField("wet")->AppendData(s);
pOption->GetField("longitude")->AppendData(e);
pOption->GetField("latitude")->AppendData(n);
pOption->GetField("date")->AppendData(FStringFunction::CurTime());
pOption->InsertTable();
delete pOption;
```

图 8-15　数据库准备分段数据的程序

在 3D 查看模式下，可以对产量图进行拖动、旋转、缩放等操作。调用函数生成平移矩阵并与当前矩阵相乘可实现产量图的平移拖动。调用函数生成旋转矩阵并与当前矩阵相乘可实现产量图的旋转（用鼠标右键拖动）。调用函数生成比例矩阵，可以通过滑动鼠标滚轮控制比例因子大小对产量图进行缩放。在软件生成的 3D 产量图中可以查询目标小区作物的重量、含水率等信息，通过设置色彩渲染实现颜色的变化，可以直观地表现出不同品种作物的产量。3D 产量图如图 8-16 所示。

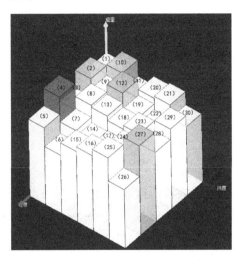

图 8-16　3D 产量图

8.4　本章小结

本章介绍了小区作物机载智能测产系统的组成、地块识别算法以及 3D 产量图生成技术，构建了小区作物机载智能测产系统的软件架构。主要通过以下三个方面进行软件系统的设计：

1）通过射线法判断某一点是否在某一封闭多边形内这一数学原理，判断小区作物收获机是否处于小区作物地块之内。

2）基于 Qt 平台开发机载终端的软件，测产系统测得的数据通过 RS485 串口与机载测产系统进行数据交换并显示。

3）数据存放至 SQLite3 数据库中以供用户查询；机载终端会依据 SQLite3 数据库中所存储的数据生成图像，并以柱状图的形式直观地反映给用户。

第9章 测产系统抗振动干扰性能的测试及滤波器设计

9.1 振动信号测试原理

9.1.1 测试方案的设计

采用压电式加速度传感器在收获机的称重平台上进行布点，通过 DH5909 动态信号分析仪进行振动信号采集，将采集到的振动信号传送到动态信号分析系统中进行分析和处理得到相对应的频谱特性。花生联合收获机称重平台振动试验的原理图如图 9-1 所示。

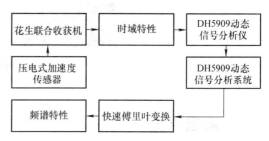

图 9-1　花生联合收获机称重平台振动试验的原理图

9.1.2 振动信号的描述

振动信号不仅能够表征机器振动状态的信息，而且振动信号本身还具有能量。确定性信号是可以用确定的时间函数关系式进行描述的信号，而随机信号是不能用确定的时间函数关系式进行描述的信号。在相同条件下对信号进行重复测量，确定性信号的测量结果在一定误差范围内保持不变，而随机信号的测量结果每次都不相同，其过程具有不可预知性和不可重复性。但随机信号可以用一些概率统计的方法进行描述。振动信号的分类如图 9-2 所示。

9.1.3 振动信号的分析方法

1. 振动信号的时域分析

振动信号的时域分析也称为波形分析，是指对测量的机械振动信号进行统计和分析。在时域分析中可以把测量的信号进行分解，即把复杂信号通过不同方式分解成简单信号分量之和，常见的有脉冲分量之和、交流分量和直流分量之和、虚部分量和实部分量之和以及正交函数分量之和。对一些随机信号可以用概率论和数理统计的方法处理，数理统计中的信号数字特征能描述随机信号的重要特点，例如加速度信号的振幅有效值是一个重要的数字特征值。

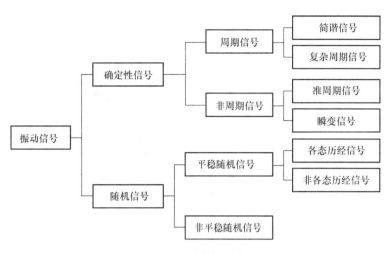

图 9-2　振动信号的分类

2. 振动信号的频域分析

把采集到时域中的振动信号通过数学方法变换到以不同频率为变量的频域中进行分析，可以获得各个频率成分的能量分布和基本特性。傅里叶变换（FT）可以将时域中的周期信号分解后变换为频域信号，傅里叶积分变换能将非周期时域信号变换为频域信号。快速傅里叶变换技术是在离散傅里叶级数（DFT）等复变函数与积分变换等的数学基础上产生的，并且是由计算机技术来进行实现的。

9.2　收获机振动试验系统的构成

1. 联合收获机

由山东五征集团有限公司生产的 4HBLZ-2 型花生联合收获机，生产率为 2~3 亩/h（1 亩 ≈ 666.7m²），割幅宽度为 60cm，花生摘果损失率为 3%，外形尺寸（长×宽×高）为 4530mm × 1980mm × 2350mm，动力采用道依茨柴油发动机（额定功率为 33.8kW）。4HBLZ-2 型花生联合收获机如图 9-3 所示。

图 9-3　4HBLZ-2 型花生联合收获机

2. IEPE 压电式加速度传感器

IEPE 压电式加速度传感器由压电变换器和电荷放大器或电压放大器两部分组成，这里的压电变换器就相当于产生高阻抗电荷信号的传统压电式加速度传感器，其直接与信号调理电路连接，二者之间不需要长距离电缆连接，因而 IEPE 压电式加速度传感器可以直接输出阻抗很低的测量信号。由于调理电路封装于加速度传感器内部，因而其抗电磁干扰能力很强，更适用于恶劣环境下的信号测量。IEPE 压电式加速度传感器如图 9-4 所示。测试所用为上海东昊测试技术有限公司生产的 DH186 型 IEPE 压电式加速度传感器，其性能指标见表 9-1。

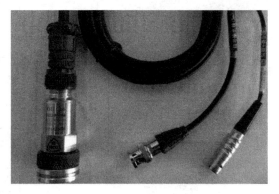

图 9-4　IEPE 压电式加速度传感器

表 9-1　DH186 型 IEPE 压电式加速度传感器的性能指标

性能指标	参数值	性能指标	参数值
轴向灵敏度	97.7mV/g	工作电压	18 ~ 30V
量程	±50g	工作电流	2 ~ 10mA
频率响应	0.5 ~ 5000Hz	输出阻抗	100Ω
谐振频率	20kHz	重量	85g
极性	正向	敏感元件	陶瓷

3. DH5909 动态信号分析仪

DH5909 动态信号分析仪可同时对 4 通道振动信号进行测量分析，其内部处理器的主频为 400MHz，配有 2GB 的 Flash、LCD 接口、4.3in OLED（有机发光二极管）真彩高亮触摸LCD、可插数据存储卡、USB 通信接口以及预留可扩展通信接口。该分析仪采用 DSP 芯片高速处理测量信号，利用数字滤波器和模拟滤波器组成抗混叠滤波器；分别使用 16 位 A – D 转换芯片测量 4 个振动通道，可以实现长时间、多通道、并行数据的同步采样；数据通过直接内存存储技术进行传送，确保测量数据传送的稳定、准确；具备使用设备面板按键进行功能操作和使用触摸屏菜单进行功能选择两种操控方式；采用可充电锂电池组进行供电，可分别使用 28V 直流电源或220V 交流电源对锂电池进行充电。DH5909 动态信号分析仪如图 9-5 所示。

图 9-5　DH5909 动态信号分析仪

9.3　收获机振动试验

9.3.1　测试方案与传感器测点布置

为研究振动对花生收获机称重系统的影响，试验选择收获机在静止和在水泥路面行驶状态下，使发动机运行在怠速、中油门、大油门 6 种工况下，对安装在花生收获机后的称重系统进行振动测量，确立测试方案。振动测试的各种工况见表 9-2。

表 9-2　振动测试的各种工况

工况序号	收割输送装置	油门状况	收获机状态
1	未开启（仅发动机运行）	怠速	静止
2	未开启（仅发动机运行）	中油门	静止
3	未开启（仅发动机运行）	大油门	静止
4	未开启（仅发动机运行）	怠速	在水泥路面行驶
5	未开启（仅发动机运行）	中油门	在水泥路面行驶
6	未开启（仅发动机运行）	大油门	在水泥路面行驶

振动测点选择在称重传感器上方的称重平台上，对称重平台进行 3 个轴向的加速度测量。在 X 向测量前后方向的振动，在 Y 向测量左右方向的振动，在 Z 向测量上下方向的振动，测量分析 3 个方向上 6 种工况对称重准确性的影响。之后在称重平台选择上下方向和前后方向，在发动机支架处选择上下方向和前后方向进行布点，同时进行测量，分析发动机振动对花生收获机称重系统的影响。传感器测点布置如图 9-6 所示。

图 9-6　传感器测点布置

9.3.2 动态信号分析仪的数据文件设置

在动态信号分析仪的主界面（见图9-7）点击动态信号分析模块，直接进入数据文件列表界面（见图9-8），在该界面下可以进行新建数据、打开数据、删除文件等操作。

图9-7 动态信号分析仪的主界面

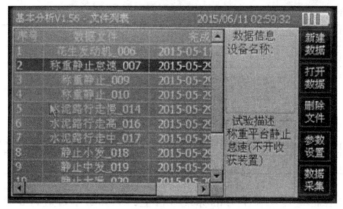

图9-8 数据文件列表界面

点击参数设置进入测点的基本信息界面，在其中可进行此次测量的数据信息、设备名称、测试人、测点名称等参数的输入。默认状态下设备名称＋工艺位号＋编号构成该数据文件名。

9.3.3 动态信号分析仪的参数设置

1. 振动通道参数的设置

振动通道参数界面如图9-9所示。

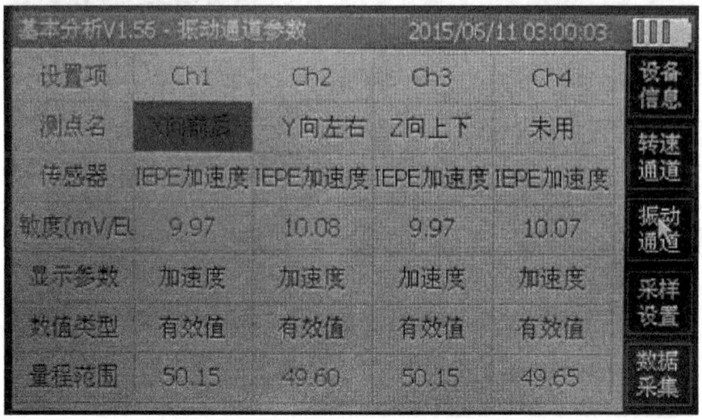

图9-9 振动通道参数界面

（1）传感器设置　可设定为多种传感器同时进行测量。本次振动试验中使用的是 IEPE 压电式加速度传感器，这样才能采集到正确的振动信号。

（2）灵敏度设置　动态信号分析仪的参数设置中加速度传感器的灵敏度单位为 $mV/(m \cdot s^2)$，而 IEPE 压电式加速度传感器的说明书上其轴向灵敏度单位为 mV/g，故需要进行单位转换。加速度传感器的灵敏度单位转换见表 9-3。

表 9-3　加速度传感器的灵敏度单位转换

产品名称	型号	编号	轴向灵敏度/(mV/g)	灵敏度/[mV/(m·s²)]
IEPE 压电式加速度传感器	DH186	1503237R	97.7	9.9694
	DH186	1503238R	98.8	10.0816
	DH186	1503239R	97.7	9.9694
	DH186	1503240R	98.7	10.0714

（3）显示参数　振动测量使用加速度传感器，对应选择加速度选项。

（4）数值类型　设置为有效值。信号 $x(t)$ 的有效值（均方根值）$\psi_x^2(t)$ 称为平均功率，在时域分析时有效值是反映振动幅度（振幅）的主要统计参数，其数学表达式为

$$\psi_x^2(t) = E(x^2(t)) = \lim_{T \to \infty} \frac{1}{T} \int_0^T x^2 \mathrm{d}t \tag{9-1}$$

（5）量程范围　根据设置的灵敏度自动设置，在实际测量中可以根据时域图像通过动态信号分析仪的上下按键调节量程范围。

2. 采样分析参数的设置

采样分析参数界面如图 9-10 所示。

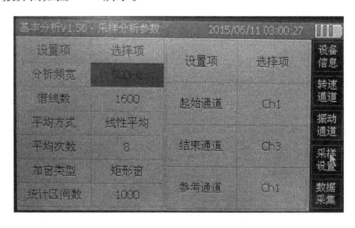

图 9-10　采样分析参数界面

（1）分析频宽　分析频宽 f_c 又指截止频率或最高分析频率，在频谱分析中应该把机器的频谱全部包括进去，一般高于机器振动频率的上限。此处根据花生收获机的振动频率设置分析频宽为 500Hz。

（2）采样频率　设置采样频率为 1.28kHz（采样时间间隔为 0.78ms）。在设置采样频率时，应根据采样定理合理确定采样频率 f_s。在应用于频谱分析时，一般设置 $f_s = 2.56 f_c$，这

是保证采样得到的离散信号能完整地复原出原信号的基本条件。

（3）谱线数　谱线数 n 是指动态信号分析仪在频谱分析时能显示的离散频率成分的条数，谱线数的多少反映了仪器在频率分辨率上的高低。采样点 N 与谱线数 n 的关系为 $N = 2.56n$。这里设置频域谱线数 $n = 1600$（即频率间隔 $\Delta f = 0.489 \text{Hz}$）。

（4）加窗类型　加窗类型选择矩形窗，原因是动态信号分析仪在信号处理时不可能对无限长的信号进行处理，只能对有限长度的离散样本进行离散傅里叶变换。

9.3.4　动态信号分析仪的数据回收

在采样分析参数和振动通道参数设置完成后，进入采集界面点击采样按钮，仪器即开始自动采集（应设置为自动保存数据）。数据可以在仪器中直接分析，也可以通过 USB 线将数据传入计算机，通过配套的动态数据采集系统软件进行分析。动态信号分析仪的数据回收如图 9-11 所示。

图 9-11　动态信号分析仪的数据回收

9.4　振动试验的结果与分析

9.4.1　时域分析

按照 6 种工况分别对花生收获机称重系统的称重平台进行前后方向（X 向）、左右方向（Y 向）、上下方向（Z 向）的振动测试，分析 3 个方向上的振动影响。

1. 工况 3 下的时域信号

在工况 3 下花生收获机只起动发动机，测产系统称重平台处 X 向、Y 向、Z 向的振动加速度有效值分别为 0.7m/s^2、0.7m/s^2 和 0.8m/s^2。数据表明，发动机在静止大油门状态下产生的振动传递到花生收获机后方安装的称重平台处所引起的 X 向、Y 向、Z 向 3 个方向的振动幅度大体一致。工况 3 下 X、Y、Z 向的时域信号分别如图 9-12 ~ 图 9-14 所示。工况 3 的时域统计信息如图 9-15 所示。

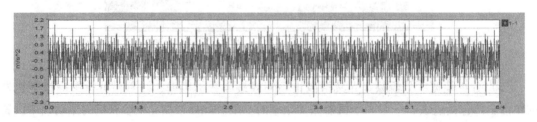

图 9-12　工况 3 下 X 向的时域信号

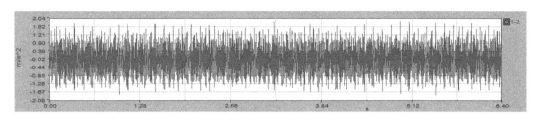

图 9-13　工况 3 下 Y 向的时域信号

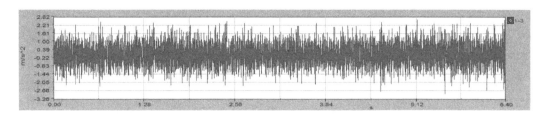

图 9-14　工况 3 下 Z 向的时域信号

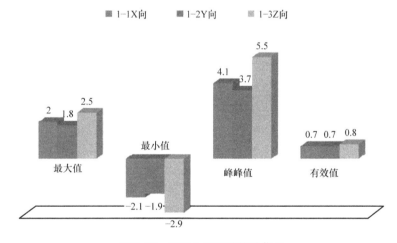

图 9-15　工况 3 的时域统计信息

2. 工况 6 下的时域信号

在工况 6 下花生收获机起动发动机在水泥路面上行驶，测产系统称重平台处 X 向、Y 向、Z 向的振动加速度有效值分别为 1.8m/s^2、1.0m/s^2 和 1.9m/s^2。数据表明，发动机在水泥路面大油门行驶状态下产生的振动传递到花生收获机后方安装的称重平台处所引起的 Z 向振动的幅度是 Y 向振动幅度的 2 倍，是工况 3 下只有发动机大油门运转时 Z 向振动幅度的 2.4 倍左右。发动机的 Z 向振动和行驶在水泥路面的路面激励相叠加加剧了称重平台的 Z 向振动。工况 6 下 X、Y、Z 向的时域信号分别如图 9-16～图 9-18 所示。工况 6 的时域统计信息如图 9-19 所示。

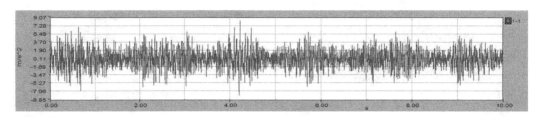

图 9-16　工况 6 下 X 向的时域信号

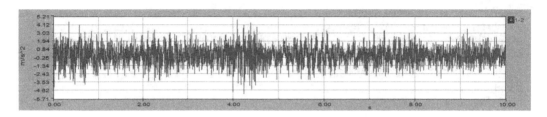

图 9-17　工况 6 下 Y 向的时域信号

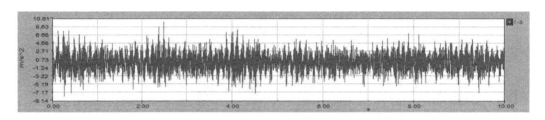

图 9-18　工况 6 下 Z 向的时域信号

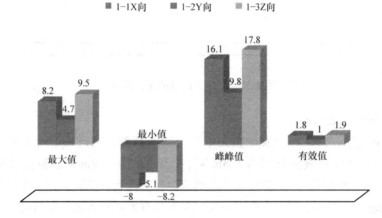

图 9-19　工况 6 的时域统计信息

3. 6 种工况的时域分析

在前 3 种工况下，发动机的振动为主要激振源。X 向振动的测量加速度有效值在工况 1 下较大，说明发动机低速运行时会产生较大的 X 向振动，且在工况 2 下其振动幅度在前 3 种工况中最小，但随着油门加大在向工况 3 转变过程中振动幅度相应变大。Y 向振动的测量加速度有效值在工况 1 下与 Z 向振动幅度大体一致，在向工况 2 转变过程中其变化趋势与 X 向一致（振动幅度变小），但随着油门加大发动机转速上升，在向工况 3 转变过程中振动幅度相应变大 Z 向振动的测量加速度有效值在不断增大，且在工况 3 时的振动幅度是工况 1 的 1.7 倍左右。不同工况的时域统计信息见表 9-4。

表 9-4　不同工况的时域统计信息　　　　　　　（单位：m/s²）

时域统计数		工况 1	工况 2	工况 3	工况 4	工况 5	工况 6
X 向	最大值	1.86	0.95	2	1.9	4.7	8.2
	最小值	−1.99	−1.2	−2.1	−1.8	−5	−8
	峰峰值	3.84	2.15	4.1	3.7	9.7	16.1
	有效值	0.91	0.34	0.7	0.6	1.1	1.8
Y 向	最大值	1.10	1.16	1.8	3.01	3.4	4.7
	最小值	−1.02	−1.19	−1.9	−2.41	−3.3	−5.1
	峰峰值	2.13	2.35	3.7	5.43	6.7	9.8
	有效值	0.48	0.4	0.7	0.68	0.8	1
Z 向	最大值	1.81	2.1	2.5	5.9	6.7	9.5
	最小值	−1.83	−2.34	−2.9	−5.5	−7.8	−8.2
	峰峰值	3.63	4.45	5.5	11.4	14.5	17.8
	有效值	0.47	0.64	0.8	1.3	1.7	1.9

考虑到前 3 种工况下振动的影响，在工况 3 下 X 向与 Y 向的振动幅度与 Z 向振动幅度相当。接下来在不影响 Z 向称重准确性的前提下对称重系统上部进行限位处理，用钢丝绳在留有一定裕量的情况下进行左右位置限位的固定。称重平台在不同工况下的加速度有效值如图 9-20 所示。称重系统的限位处理如图 9-21 所示。

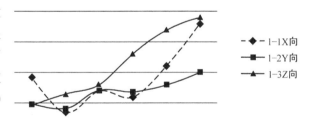

图 9-20　称重平台在不同工况下的加速度有效值

图 9-21　称重系统的限位处理

在后 3 种工况下，除了发动机的振动还有花生收获机行驶时水泥路面的激励作用。X 向振动的测量加速度有效值显著增加，工况 6 的加速度有效值增加至 $1.8 \mathrm{m/s}^2$，为工况 4 的 3 倍。Y 向振动的测量加速度有效值增幅较小，说明之前对称重系统进行左右位置振动的限位固定起到了良好的作用。Z 向振动的测量加速度有效值的变化趋势与 X 向趋于一致（显著增加），工况 4 的加速度有效值的为工况 1 的 2.8 倍，工况 5 的加速度有效值约为工况 2 的 2.7 倍，工况 6 的加速度有效值约为工况 3 的 2.4 倍，说明发动机运转时的激励和车体行驶时水泥路面的激励同时作用下，水泥路面的激励作用是称重平台竖直振动的主要原因。

9.4.2 频域分析

1. 工况 3 下的频域信号（见图 9-22 ~ 图 9-24）。

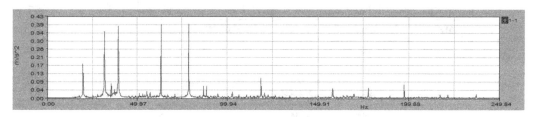

图 9-22 工况 3 下 X 向的频域信号

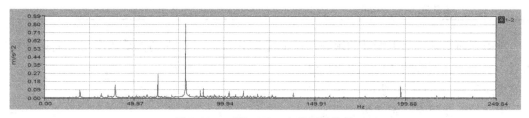

图 9-23 工况 3 下 Y 向的频域信号

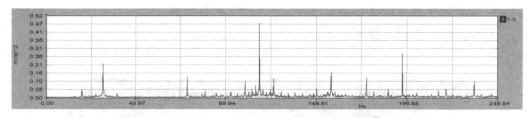

图 9-24 工况 3 下 Z 向的频域信号

2. 工况 6 下的频域信号（见图 9-25 ~ 图 9-27）

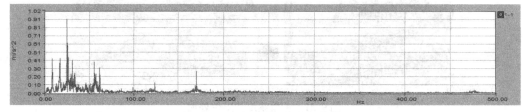

图 9-25 工况 6 下 X 向的频域信号

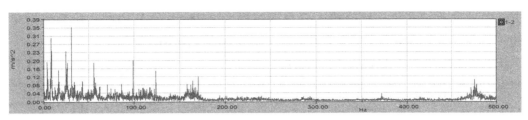

图 9-26　工况 6 下 Y 向的频域信号

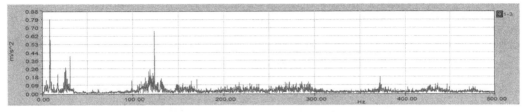

图 9-27　工况 6 下 Z 向的频域信号

3. 6 种工况的频域分析

称重平台在不同工况的频域数据见表 9-5。

表 9-5　称重平台在不同工况的频域数据

工况序号	阶数	X 向		Y 向		Z 向	
		频率/Hz	振幅/(m/s²)	频率/Hz	振幅/(m/s²)	频率/Hz	振幅/(m/s²)
工况 1	1	41.41	0.78	41.41	0.40	41.41	0.60
	2	20.63	0.20	82.66	0.12	55.78	0.15
	3	37.19	0.10	20.63	0.08	31.09	0.09
工况 2	1	59.38	0.33	59.36	0.35	58.75	0.69
	2	28.75	0.15	29.69	0.19	129.69	0.29
	3	14.84	0.11	89.06	0.14	19.06	0.22
工况 3	1	78.91	0.40	78.91	0.81	118.41	0.48
	2	63.31	0.23	63.28	0.13	77.97	0.25
	3	39.28	0.20	39.53	0.08	157.72	0.13
工况 4	1	41.41	0.54	41.41	0.44	12.38	0.40
	2	41.09	0.20	41.09	0.16	123.75	0.21
	3	20.78	0.18	82.81	0.12	20.00	0.13
工况 5	1	24.05	0.68	29.69	0.42	7.81	0.58
	2	23.44	0.64	7.81	0.35	8.28	0.39
	3	7.81	0.60	59.53	0.27	29.69	0.34
工况 6	1	24.84	0.92	30.94	0.35	8.59	0.79
	2	25.94	0.75	8.59	0.34	123.91	0.66
	3	20.31	0.65	24.84	0.28	30.94	0.42

在工况 1 下，发动机怠速时产生的激振频率（41.41Hz）通过花生收获机车架底盘传到

后方安装的称重装置上，X 向的一阶频率振幅为 0.78m/s²，Y 向的一阶频率振幅为 0.40m/s²，Z 向的一阶频率振幅为 0.60m/s²，3 个方向上的振动幅度相近。

在工况 3 下，发动机机架处 X 向的一阶振动频率为 78.91Hz，振幅为 0.40m/s²；Y 向的一阶振动频率与 X 向相同，振幅增加至 0.81m/s²，为工况 1 的 2 倍；发动机在大油门运行时，Z 向产生的振动传递到称重平台处使称重平台的振动频率增大，但振幅减少至 0.48m/s²，原因在于发动机经过机架安装在车架底盘时使用了 4 个支架橡胶垫，起到了减振作用，缓冲了发动机竖直方向的振动。

在后 3 种工况下，在发动机转动和水泥路面的共同激励下，称重平台处测得的 X、Z 向一阶振动频率减小、频率幅度不断增加，说明称重装置没有工作只是空载，而发动机油门增大、转速提高，履带感受到的水泥路面激励也随之不断增大，并通过车架传递到称重平台处。花生收获机上多个部件同时工作，再加上与路面激励作用频谱发生混叠，在工况 6 下称重平台处 Z 向的一阶振动频率为 8.59Hz，小于发动机机架处的一阶振动频率。故可以得出如下结论：水泥路面上的激励作用是引起称重平台振动的主要因素。

9.5 称重滤波器的设计

收获机行走工作过程中，发动机及机械传动系统的振动噪声会耦合到测产系统称重结构上，测量得到的数值含有大量噪声，使称重精度下降。通过设置机械限位和缓冲吸振在一定程度上能够降低干扰噪声，但仍不能完全消减噪声，需要使用数字滤波器对称重传感器信号进行数字滤波。

从前述试验可以看出，收获机在田间运行工作时（工况 6）其振动频谱最为丰富，且由于田间路面的激励作用产生了低频干扰噪声。通过分析振动噪声频谱可以得出频率最低的振动信号频率为 6.2Hz，利用低通滤波器可以很好地滤除噪声部分。这里低通滤波器选择巴特沃思低通滤波器。巴特沃思滤波器的幅频特性曲线单调下降且在各阶数下保持近似的形状，通过增加阶数可以增加阻带振幅衰减速度。其在通频带内有平坦的幅频特性且高阶滤波器阻带衰减十分迅速，适合用作本测产称重所使用的滤波器。

为了获取低噪声的重量信号，需设计一种通带截止频率为 4Hz、阻带截止频率为 5Hz、采样频率为 80Hz 的低通滤波器对传感器信号进行数字滤波。本滤波器设计使用了 MATLAB 软件中的 FDATool，FDATool 是 MATLAB 内集成的图形化滤波器设计与仿真软件，能够帮助用户快速设计各型滤波器。在 MATLAB 控制台中输入 fdatool 命令启动 FDATool，将需求参数输入相应窗口，生成并保存即得到设计完成的滤波器。

设计得到的滤波器可以通过 FDATool 内置的 C 语言头文件生成功能生成滤波器矩阵参数头文件，应用到 STM32F407 单片机软件中可实现数字滤波器的功能——滤除重量信号中的振动噪声。

启用滤波器后，小区联合收获机在田间运行作业时称重传感器的测量误差均在 ±3% 以下，该精度满足测量需求。低通滤波器的幅相特性如图 9-28 所示。低通滤波器的 C 语言头文件代码如图 9-29 所示。

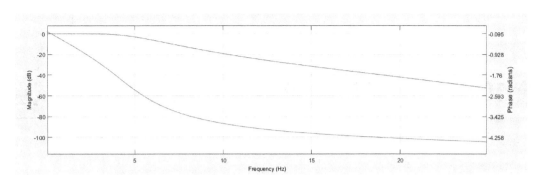

图 9-28　低通滤波器的幅相特性

```
/*
 * Discrete-Time IIR Filter (real)
 * -------------------------------
 * Filter Structure    : Direct-Form II
 * Numerator Length     : 4
 * Denominator Length   : 4
 * Stable               : Yes
 * Linear Phase         : No
 */

/* General type conversion for MATLAB generated C-code   */
#include "tmwtypes.h"
/*
 * Expected path to tmwtypes.h
 * C:\Program Files\MATLAB\R2016b\extern\include\tmwtypes.h
 */
const int NL = 4;
const real64_T NUM[4] = {
    0.005300409794526,  0.01590122938358,  0.01590122938358,  0.005300409794526
};
const int DL = 4;
const real64_T DEN[4] = {
                1,  -2.219168618312,   1.715117830033,  -0.4535459333655
};
```

图 9-29　低通滤波器的 C 语言头文件代码

9.6　本章小结

本章主要研究了小区联合收获机对测产系统数据的影响，主要内容如下：

1）详细介绍了测试过程中振动信号的时域、频域分析方法。

2）根据动态信号分析仪得到的数据进行分析，并由此得出花生收获机的性能指标，从而实施有效的防振动措施。

3）利用振动的频谱数据设计了称重传感器用数字低通滤波器，并编写了 STM32F407 单片机程序，提高了测产系统在收获机振动工况下的重量测量精度。

第 10 章 小区作物智能测产装置的性能试验

10.1 小区作物智能测产装置的构成

  小区作物智能测产装置由智能测产主机、智能手持端、扫码枪和气泵组成，如图 10-1 所示。测试时将待测产的作物籽粒倒入智能测产主机的料斗中，按动智能手持端上的测试按键，机器中内置的微型控制器就会对样品的含水率、容重、重量进行测量，并通过 RS485 或者无线模块传送到智能手持端，同时在机器的触摸屏控制系统上将作物的含水率、重量以及容重显示出来，并能将数据进行保存，还可以实现 U 盘导出数据，从而大大减少了在测量过程中所需的劳动力，其工作效率是人工测产的 30 ~ 40 倍。

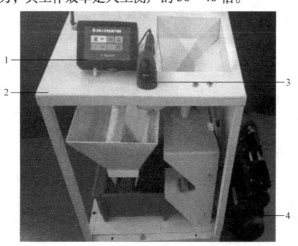

图 10-1 小区作物智能测产装置的整机图
1—智能手持端 2—智能测产主机 3—扫码枪 4—气泵

10.2 小区作物智能测产装置的开机及测试过程

10.2.1 开机过程

  开机过程分为三个步骤：①智能测产主机的开机。只需要将智能测产主机配备的电源线接在 220V 电源上，然后按下开机按钮，主机便开机工作。②气泵的开启。将气泵电源线接在 220V 电源上，拔起气泵开关，气泵便开始工作，待气泵内气压升到标定值时便可以使用。③智能手持端的开机。将配备的 USB 线一端接在充电宝上，另一端接到智能手持端的 USB 接口就可以实现智能手持端的开机了。

10.2.2　测试过程

（1）倒入样品　开机后当运行指示灯绿灯亮起时，便可以将待测的样品倒入智能测产主机的料斗进行测产，如图 10-2 所示。

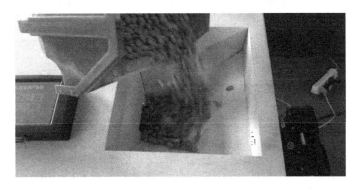

图 10-2　倒入样品

（2）选择品种　点击智能手持端界面上的"测产"按钮进入测产界面，之后再点击"品种选择"下拉按钮根据弹出的品种类型选择相应的品种，如图 10-3 所示。

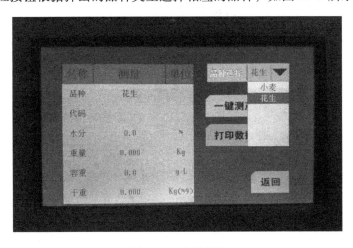

图 10-3　选择品种

（3）录入品种代码　进行品种试验需要种植几百乃至几千个品种，故品种代码一般都由无规则的多位字母或者数字组成。过去都是手工录入品种代码，本测产装置设计了条码自动扫描接口，可实现品种代码扫描，减少了录入错误，方便记录管理，如图 10-4 所示。

将扫码枪接在智能手持端的 USB 接口上，便可以用扫码枪识别印制成条码形式的品种代码。如果没有条码，也可以使用智能手持端的手动输入界面手动进行品种代码的输入，如

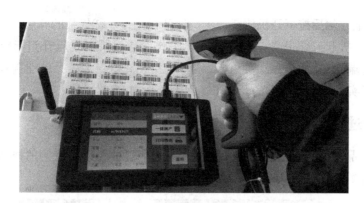

图 10-4　扫入品种代码

图 10-5 所示。

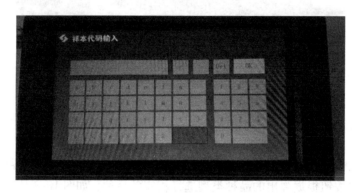

图 10-5　手动输入界面

（4）一键测产　倒入样品，选择品种和录入品种代码完成后，点击测产界面的"一键测产"按钮，系统将自动进行测产，在 10s 后便可以得到测产数据，如图 10-6 所示。

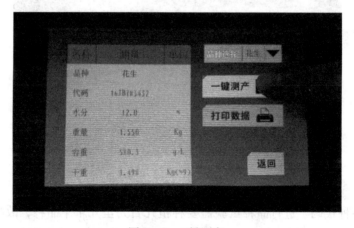

图 10-6　一键测产

（5）数据存储　测产完成后便会在测产界面上显示此次测产所测得的数据，包括含水率、重量和容重。智能手持端也会同时将数据保存在自身的存储芯片中，在智能手持端主界面点击"数据导出"按钮便可以进入到数据导出界面中查阅之前的数据。将 USB 2.0 的 U 盘插在智能手持端的 USB 接口上，点击数据导出界面的"U 盘导出"按钮便可以将测得的所有数据以 Excel 表格的形式保存到 U 盘当中。数据导出界面如图 10-7 所示。

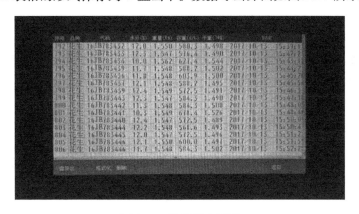

图 10-7　数据导出界面

10.3　智能测产装置的性能试验及数据分析

在试验室 210℃的条件下分别取含水率 5.7%、重量 1.258kg、容重 600g/L 和含水率 13.0%、重量 1.618kg、容重 590g/L 的鲁花中粒花生，由同一人员用同一台智能测产装置分别进行 10 次重复测产试验，得到的结果见表 10-1。

表 10-1　鲁花中粒花生重复性试验的数据

代码	含水率（%）	重量 /kg	容重 /(g/L)	代码	含水率（%）	重量 /kg	容重 /(g/L)
ceshi1	5.7	1.259	606.9	ceshi2	13.1	1.622	579.1
ceshi1	5.7	1.260	601.0	ceshi2	12.9	1.620	579.1
ceshi1	5.8	1.258	596.0	ceshi2	13.0	1.618	597.1
ceshi1	5.7	1.258	603.9	ceshi2	13.1	1.620	589.2
ceshi1	5.7	1.259	603.0	ceshi2	13.0	1.620	597.1
ceshi1	5.7	1.259	592.0	ceshi2	12.9	1.620	594.1
ceshi1	5.6	1.258	588.0	ceshi2	12.9	1.618	599.1
ceshi1	5.8	1.259	599.0	ceshi2	12.9	1.619	588.3
ceshi1	5.6	1.258	609.0	ceshi2	13.1	1.619	593.0
ceshi1	5.6	1.259	603.9	ceshi2	12.8	1.620	592.1
平均值（AVG）	5.69	1.2587	600.27	平均值（AVG）	12.97	1.6196	590.82
方差（VAR）	0.0054	4.5556×10^{-7}	43.7001	方差（VAR）	0.0112	1.3778×10^{-6}	49.8084
标准差（STD）	0.0738	6.7495×10^{-4}	6.6106	标准差（STD）	0.1059	0.0012	7.05571
重复性（RPT）	0.0130	5.3623	1.1013	重复性（RPT）	0.0082	0.0007	1.1945
极差（R）	0.2	0.002	21.0	极差（R）	0.3	0.004	20.0

综合以上数据可以看出，小区作物智能测产装置在含水率、容重、重量 3 个指标的测量

方面已经完全达到了表 2-1 所示奥地利 Wintersteiger 经典款测产系统的性能指标。

10.4 小区作物智能测产装置的含水率重复性对比试验及数据分析

对测产装置而言，含水率测试是技术难点和核心，奥地利 Wintersteiger 经典款测产系统和日本 PM – 8188 水分测定仪都没有标示含水率重复性指标，但测试数据被行业认可。我们选择实验室购置的 PM – 8188 水分测定仪与小区作物智能测产装置的含水率重复性性能进行对照，10 次测试数据见表 10-2。

表 10-2　与 PM – 8188 进行含水率重复性对比的试验数据

项目	小区作物智能测产装置的测试数据	PM – 8188 水分测定仪的测试数据
测量值（%）	11.8	11.7
	11.8	11.5
	11.9	12.2
	11.8	11.5
	12.4	11.5
	11.4	12.3
	11.6	11.8
	12.0	11.3
	11.6	11.6
	11.6	11.7
平均值（AVG）（%）	11.79	11.71
方差（VAR）（%）	0.0766	0.101
标准差（STD）（%）	0.2767	0.3178
重复性（RPT）	0.0235（2.3%）	0.0271（2.7%）
极差（R）（%）	1.0	1.0

从表 10-2 可以看出，小区作物智能测产装置的含水率重复性与 PM – 8188 相比略有优势，说明小区作物智能测产装置的含水率重复性能够满足用户需要。

10.5 机载智能测产装置的性能试验及数据分析

测产装置置于收获机上后，测产可以在小区收获、脱粒结束后进行。此时收获机到达小区边缘，先让运转部件停止运转，可大大降低振动对测试数据的影响。但由于发动机处于怠速，整个收获机仍然会存在振动，因此必须进行振动滤波处理。将 5kg 籽粒一次性倒入机载测产装置，进行测试时，应比较经过振动滤波处理和未经过振动滤波处理的试验数据，见表 10-3。

表 10-3　振动滤波对比称重试验

称重次数	未经过振动滤波		经过振动滤波	
	实际称重值/kg	误差（%）	实际称重值/kg	误差（%）
1	4.978	-0.44	5.026	0.51
2	5.112	2.19	5.025	0.50
3	5.120	2.34	4.991	-0.18
4	4.964	-0.73	5.024	0.48
5	5.080	1.58	5.015	0.30
6	4.986	-0.28	5.025	0.50
7	5.112	2.19	4.991	-0.18
8	5.102	2.00	5.026	0.52
9	4.956	-0.89	5.024	0.48
10	5.101	1.98	4.991	-0.18

表 10-4 为振动滤波对比称重试验的误差分析，根据数据可以看出，机载智能测产装置的称重平均误差小于表 2-1 中 0.4% 的性能指标。

表 10-4　振动滤波对比称重试验的误差分析

项目	最大误差（%）	平均误差（%）	平均值/kg
未经过振动滤波	2.34	1.46	5.051
经过振动滤波	0.52	0.38	5.014

10.6　本章小结

本章对小区作物智能测产装置进行了离线测产模式和机载测产模式的性能测试，并将结果与奥地利 Wintersteiger 经典款测产系统进行了数据对比。

1）首先介绍了小区智能测产装置的开机与测试过程。

2）对小区作物智能测产装置的离线测产模式进行试验和数据分析，即对小区作物智能测产装置进行了测产试验，并与 Wintersteiger 经典款测产系统进行了数据对比，试验结果表明小区作物智能测产装置的含水率、容重、重量测量指标全部符合要求，与实际用户的反馈基本吻合。

3）对小区作物智能测产装置的含水率重复性与行业内认可度高的日本 PM－8188 水分测定仪进行对比，试验结果表明智能测产装置的重复性能够达到行业要求。

4）对小区作物智能测产装置的机载测产模式进行了振动滤波对比称重试验，试验结果表明经过振动滤波的重量误差满足 Wintersteiger 经典款测产系统的重量误差标准要求。

第 11 章 结论和展望

本书研究的小区作物智能测产系统能一次性完成试验小区收获、晾晒、脱壳后作物籽粒的含水率、容重、重量三参数测量。将其放置于配备了小型自动脱壳装置的捡拾摘果收获机上，与加拿大诺瓦泰差分 GPS、松下 FZ–G1 平板计算机组成小区作物机载智能测产系统。机载智能测产系统除具备测量和显示经纬度信息、重量、含水率、容重等功能外，还具备小区地块自动识别、收获机振动滤波处理、数据查询及 3D 产量图生成等功能。

小区作物智能测产系统与奥地利 Wintersteiger 经典款测产系统进行对比试验，结果表明其性能指标全部符合要求，具备替代可能。小区作物机载智能测产系统目前虽然完成了软件架构，但若要推向市场还需要进行多工况试验。

11.1 结论

1）创新性地构建了作物籽粒含水率受电容、温度、容重三因素影响的数学模型，对试验数据进行回归分析，得到三因素方程的决定系数 $R^2 = 9.998 \times 10^{-1}$，两因素方程的决定系数 $R^2 = 9.138 \times 10^{-1}$，拟合度提高了 8.42%，为含水率测量单元精度和重复性的提高打下数学基础。

2）设计了基于 STM32F407 控制器的 50MHz 射频介电测量电路以及相应的 C 语言程序，并将三因素作物籽粒含水率回归方程嵌入该程序系统，形成射频电容含水率测量模块，这是含水率测量单元精度和重复性提高的硬件电路基础。

3）创制了国内首台能够替代国外产品的三参数小区作物智能测产装置。该测产装置能够一次性完成小区作物籽粒含水率、容重及重量三个参数的测量，对测产装置进行性能测试，含水率、重量和容重的测量误差分别为 0.25%、0.18% 和 11g/L，符合表 2-1 列出的 Wintersteiger 的性能指标。与 PM–8188 进行含水率重复性对比，测产装置的重复性为 2.3%，PM–8188 的重复性为 2.7%，测产系统的重复性优于 PM–8188。

4）以配备 Qt 平台和 SQLite3 数据库的机载平板计算机为核心，将小区作物智能测产装置、差分 GPS 进行系统集成，构建成小区作物机载智能测产系统。所开发的基于计算机地块识别算法和 3D 产量图生成的软件完成了国外同类装置的功能架构。

5）通过 DH5909 动态信号测试仪对花生收获机的 6 种工况进行振动测试，在分析时域、频域特性的基础上，设计了巴特沃思低通滤波器，经过滤波处理使得称重误差由 1.8% 降为

0.4%，达到称重误差性能指标的要求。

试验研究表明，小区作物智能测产装置在测量精度和稳定性上能够替代国外同类产品，目前已经被泰安市农业科学研究院、郯城县种子公司、山东金惠种业有限公司、青岛农业大学等单位采购，未来有很大的推广空间。小区作物智能测产系统具备了国外同类产品的基本功能，目前还处于样机水平，未来要推向市场还需进行更全面、细致的研究工作。

11.2　创新点

1）创新性地构建了作物籽粒含水率受电容、温度、容重三参数影响的数学模型，比传统两参数数学模型的数据拟合度提高 8.42%，为含水率测量精度和稳定性提高打下了理论基础。

2）创制了国内首台能够替代国外产品的含水率、容重、重量三参数小区作物智能测产装置。

3）构建了具备地块识别算法、3D 产量图生成技术和收获机振动滤波技术的机载测产软件技术系统。

11.3　展望

虽然小区作物智能测产装置在测量精度、重复性、稳定性和可靠性等性能指标上达到或者优于国外同类设备，但由于试验条件、时间、个人能力的限制，以及射频电容法在测量较高含水率的作物或外表潮湿作物时，电导效应显著增强，内部介电损耗增大，使振荡器谐振侧电容值的漂移增强，导致其含水率测量精度随着含水率增高而降低。机载智能测产系统在完成系统架构的基础上，未来还应在研究方法、回归算法和电路设计方面进行更深入的研究，进一步进行多工况、稳定性的测试研究。

参 考 文 献

［1］赵丽清，李瑞川，龚丽农，等．花生联合收获机智能测产系统研究［J］．农业机械学报，2015，46（11）：82－87．

［2］赵丽清，尚书旗，高连兴，等．基于同心轴圆筒式电容传感器的花生仁水分无损检测技术［J］．农业工程学报，2016，32（9）：212－218．

［3］胡修慧，赵丽清，龚丽农，等．智能花生收获机实时测产系统的研究［J］．农机化研究，2016，38（1）：142－145．